烟叶原料与品牌协同发展研究与实践

YANYE YUANLIAO YU
PINPAI XIETONG FAZHAN YANJIU YU SHIJIAN

李　强　张一扬　徐向丽◎等著

吉林大学出版社
JILIN UNIVERSITY PRESS

图书在版编目（CIP）数据

烟叶原料与品牌协同发展研究与实践 / 李强，张一扬，徐向丽著. —长春：吉林大学出版社，2018.12
ISBN 978-7-5692-3943-0

Ⅰ. ①烟… Ⅱ. ①李… ②张… ③徐… Ⅲ. ①烟叶－原料－研究－曲靖 ②烟叶－品牌－研究－曲靖 Ⅳ. ①TS42 ②F426.89

中国版本图书馆CIP数据核字（2018）第285821号

书　　名　烟叶原料与品牌协同发展研究与实践
　　　　　YANYE YUANLIAO YU PINPAI XIETONG FAZHAN YANJIU YU SHIJIAN

作　　者　李　强　张一扬　徐向丽 著
策划编辑　刘明明
责任编辑　高欣宇
责任校对　张文涛
装帧设计　中尚图
出版发行　吉林大学出版社
社　　址　长春市人民大街4059号
邮政编码　130021
发行电话　0431-89580028/29/21
网　　址　http：//www.jlup.com.cn
电子邮箱　jdcbs@jlu.edu.cn
印　　刷　北京盛彩捷印刷有限公司
开　　本　710mm × 1000mm　1/16
印　　张　13.5
字　　数　210千字
版　　次　2018年12月　第1版
印　　次　2018年12月　第1次
书　　号　ISBN 978-7-5692-3943-0
定　　价　59.00元

编辑委员会

策划编辑：周立新　李明昌　赵　虎

参著人员：毛建书　解　燕　李明昌　易　克　刘华林

周子方　何志明　王瑞宝　刘加红　黄夸克

刘　芳　王津军　郭常德　张瑞勤　谭　军

李　卫　王小兵　王　斌　朱　琴　崔超岗

前 言

在《中式卷烟发展纲要》的指引下，我国烟叶基地的发展已从传统分散型转向工商共建型，并进而向战略伙伴型迈进，烟叶生产已不再是单纯的农业行为和商业行为，而卷烟工业也不再是单纯的采购行为和加工行为，尤其在国家烟草专卖局“两个十多个”的战略构想下，随着卷烟品牌的整合和“做大做强”的迫切需求，卷烟工业更需要优质而稳定的烟叶原料提供保障，更需要烟叶产区在订单农业和满足个性化需求方面提供更强有力的支持，反之，烟叶生产也更需要卷烟工业的参与，从而获得更明确的原料发展方向，达到双方资源和信息的共享，使烟叶原料生产更符合品牌发展的实际需要。

曲靖市位于云南省东部，是中国最大的烟区，其烟叶总产量占全省的四分之一，全国的十分之一。曲靖烟叶是“芙蓉王”卷烟配方中的主料烟叶之一，作为产品配方骨架，主要赋予卷烟主体香气，保障高雅的香气品质，丰富烟香，保持烟气甜润，对卷烟风格特色的形成起主导作用。

本书以“芙蓉王”品牌卷烟原料对曲靖烟叶的特色需求为导向，以实现“芙蓉王”品牌导向型曲靖烟叶原料基地生产的“定区域、定品种、定规模、定特色”为目标，系统研究了曲靖烟叶在“芙蓉王”品牌中的使用情况，构建了湖南中烟工业有限责任公司“芙蓉王”喜好原料评价体系；完成了“芙蓉王”品牌烟叶基地区域筛选 ，并在基地开展了品牌导向烟叶生产技术研究，构建了品牌导向烟叶生产技术体系；进而开展“芙蓉王”品牌使用曲靖烟叶原料工业验证及评价，对品牌导向的曲靖烟叶生产体系运行管理模式进行了深入研究，为卷烟品牌导向型烟叶基地建设和品牌需求烟叶原料的生产提供依据。

本书在准备和写作过程中，得到了有关同事和曲靖烟区多位同仁的大力支持和帮助，并提出了宝贵意见和建议。云南省烟草公司、曲靖市烟草公司和云南中烟工业有限责任公司为作者的研究和写作工作提供了便利条件。撰写和出版过程中得到了周冀衡教授的指导和支持，谨致谢忱！在此，作者一并表示衷心的和诚挚的感谢。

本书第一章和第三章由李强著，第二章由张一扬著，第四章由解燕著，第五章由王小兵和崔超岗合著，第六章由毛建书著，第七章由徐向丽著，第八章由易克著。其他同志参与了本书的田间试验、样品采集、质量评价、样品检测、数据分析和文字校对等工作。由于烤烟品质评价和品质生态的研究目前尚不够系统和完善，加之受作者水平和能力的限制，书中缺点和不足在所难免，恳请读者批评指正。

作者

2018年9月

目录 Contents

第一章 研究概况

第一节 研究背景

在《中式卷烟发展纲要》的指引下，我国烟叶基地的发展已从传统分散型转向工商共建型，并进而向战略伙伴型迈进，烟叶生产已不再是单纯的农业行为和商业行为，而卷烟工业也不再是单纯的采购行为和加工行为。尤其是在国家烟草专卖局“两个十多个”的战略构想下，随着卷烟品牌的整合和“做大做强”的迫切需求，卷烟工业更需要优质而稳定的烟叶原料提供保障，更需要烟叶产区在订单农业和满足个性化需求方面提供更强有力的支持。反之，烟叶生产也更需要卷烟工业的参与，从而获得更明确的原料发展方向，达到双方资源和信息的共享，使烟叶原料生产更符合品牌发展的实际需要。因此工商双方在“中式卷烟”大旗下就如何建立更为紧密的原料和品牌协同发展机制显得极为迫切，尤其是根据骨干卷烟品牌的需求，有针对性地开展优质烟叶基地建设并形成可分享的信息化烟叶管理系统，将对工商双方可持续发展产生重要而深远的影响。工商研共建原料与品牌协同发展机制是基于落实国家烟草专卖局“两个十多个”相关指示精神，并逐步实现烟叶订单生产，实现传统烟草农业向现代烟草农业转变的具体体现，我们将坚持以重点工业企业对原料的需求为导向，以“十多个”重点骨干品牌为目标，通过以建立“曲靖烟叶生产质量数据库”和“曲靖烟叶卷烟工业使用质量数据库”为重点的原料与品牌协同发展机制项目的实施，进一步增强重点卷烟品牌的柔性化生产和烟叶生产组织的快速响应能力，改变工业企业在原料采购上的被动局面，以烟叶内在品质、加工使用的分析数据为支撑，明确工业需求目标，科学有效地反馈于烟叶生产、收购、采购过程，推行烟叶生产全过程质量跟踪，使烟叶生产服从和服务于卷烟工业生产，形成烟叶农业生产与卷烟工业生产紧密结合的烟草农业推广体系和发展模式。

原料质量的稳定是重点卷烟品牌稳步发展的基础，是品牌的生命力所在，对原料质量稳定性研究国外开展得比较早，并且很成熟。目前国际上一些跨国烟草集团将从农民手中收购的烟叶进行商业分级，并根据客户需求特征进行等级组合，形成符合客户需求的配方模块，确保卷烟质量的稳定性。如菲莫和BAT公司在全球均有稳定的烟叶原料生产基地，烟叶质量和数量具有很好的稳定性，同时对原料的采购有一套完整的制度做保障，从而使555及万宝路品牌卷烟在国际上一直保持稳步发展。

与国外相比，我国卷烟品牌原料供应稳定性很差，造成了原料质量和数量需求稳定性的极大变化，从而导致我国卷烟品牌质量的稳定性很差。同时国内烟叶产区较分散，相对集中、规模较大的产区较少，并且烟叶生产复杂系数较多，产区烟叶质量数量对重点品牌的支持性较差，需要进一步推进产区这方面的发展。曲靖烟区作为全国最大的优质烟叶生产基地，自然条件得天独厚，年均种植烟叶（130万）亩左右，产量保持在350万担左右，占云南烟叶产量的1/4左右，全国产量约1/10左右，特别是工商分设后，进行了一系列改革和创新，强化科技设施建设、加强基础设施建设、完善生产管理，烟叶生产得到稳步的发展。同时，曲靖烟区具有一定区域跨度和生态差异，由此形成了不同类型烟叶风格特征。通过研究，划分烟叶的风格特征，结合配方打叶的开展，扩大等级规模，稳定等级质量，湖南中烟工业有限责任公司”芙蓉王“品牌的个性化的需求。

随着烟草行业改革的不断深入和推进、卷烟工业企业合并重组的加速、商业企业县级公司法人资格的取消、国家烟草专卖局“两个十多个”战略构想的提出，曲靖市烟草公司积极响应国家烟草专卖局的号召，紧扣发展机遇，率先提出工商研共建原料与品牌发展机制的构想，顺应行业发展的趋势。

第二节 工业企业"芙蓉王"品牌发展情况

"芙蓉王"创牌于1994年，经过23年的成长，如今已经发展成为"芙蓉王（黄）""芙蓉王（蓝盖）""芙蓉王（蔚蓝星空）""芙蓉王（软金）""芙蓉王（蓝软）""芙蓉王（钻石）"六个规格的系列。其采用云南、贵州上等烟叶配方，配以津巴布韦、巴西、加拿大优质烟叶做配料，使用国际流行的香精香料用以突出卷烟的自然风味，彰显"高贵、典雅、清新、飘逸"的风格特点，一直深受消费者的青睐，畅销全国，先后获得"中国名牌卷烟""中国驰名商标""中国名牌产品""国家免检产品""中国500最具价值品牌"等20多项殊荣。

"芙蓉王"创牌后，与中华、云烟等老牌高档卷烟相比，属于新生代力量。但从诞生之日起，它就一直迸发着强劲的成长活力。2006年，以30.72万大箱的销量夺得高端卷烟品牌国内市场销量第一的宝座。2006年11月，常德、长沙两厂合并后，"芙蓉王"作为湖南中烟工业有限责任公司的支柱品牌，更是得到快速发展，品牌规模迅速扩大，2007年品牌销量42.92万大箱；2008年55.88万大箱，成为中国首个销量突破50万大箱的高端品牌。此后，"芙蓉王"每年保持10万大箱左右的增量，2009年实现卷烟销量64.92万大箱；到2010年，实现卷烟销售达84.13万大箱（见表1–1）。

表1–1 2007—2010年"芙蓉王"品牌销售情况表

年度	2007	2008	2009	2010
销量（万箱）	42.92	55.88	64.92	84.13

"传递价值，成就你我"，23年来（1994年—2010年），湖南烟草工业人用心血和汗水终于成就了"芙蓉王"这一中国年产销量最大的高端品牌。按照公司"十二五"品牌发展战略规划（见表1–2），到2015年，芙蓉王销售收入要实现1000亿元，截止2015年，芙蓉王已实现销售收入1068.03，率先进入"532，461"

的第一方阵。

表1-2 “芙蓉王”品牌“十二五”发展规划

年度	2010	2011	2012	2013	2014	2015
芙蓉王品牌规模（万箱）	84.13	102	118	133	148	160
其中：高端规格	14.23	18	23	29	34	40

第三节 曲靖烟叶在品牌中的地位

曲靖烟叶是“芙蓉王”卷烟配方中的主料烟叶之一，作为产品配方骨架，主要赋予卷烟主体香气，保障高雅的香气品质，丰富烟香，保持烟气甜润，对卷烟风格特色的形成起主导作用。

第二章　曲靖烤烟生产概况

曲靖市地处云南省东北部，东与贵州、广西毗邻，北与贵州毕节相连，地跨东经102°42'~104°50'，北纬24°19'~27°03'之间，是云南连接内地的重要陆路通道，素有"滇黔锁钥""入滇门户""云南咽喉"之称。全市辖一区一市七县，国土面积2.89万km^2，人口603万。曲靖属亚热带高原季风气候，年平均气温14.5℃，年均日照1584~2195h，无霜期200d以上，年均降水量为786~1670mm。曲靖植烟耕地大多分布在海拔1700~2100m范围内的红壤土和紫壤土地带，具有优良的烟叶种植气候和土壤条件，加之境内生物资源丰富，生态环境较好，形成了烟叶生产得天独厚的自然和区域优势，成就了"清甜香润、醇和馨怡"的清香型烟叶品质。曲靖烟叶以色泽金黄、油润丰满、水分适中、香气质好、燃烧性好、配伍性好等特点，深受卷烟工业企业的青睐，拥有较高的市场占有率（见表2-1）。近几年曲靖烟叶原料供应逐步向大企业、大品牌集中，其中红云红河、上海、湖南、湖北、福建等九家重点工业企业调拨量从2006年的229.3万担增加到2009年的245.1万担（占总量的67.34%）。

表2-1　曲靖市2006—2010年烤烟生产、质量、效益综合表

项　目 \ 年份	2006	2007	2008	2009	2010
种烟面积（万亩）	131.77	125	130	126	135
烟叶收购（万担）	347	350	391.43	391	411.28
上等烟比例（%）	54.97	65.11	68.68	51.37	52.76
单价（元/公斤）	11.48	12.29	14.96	15.21	15.06
烟农收入（亿元）	19.92	21.5	29.29	29.74	30.96
烤烟税收（亿元）	4.37	4.74	6.45	6.55	6.82

曲靖自20世纪40年代开始种植烤烟至今，经过长足的发展，年均种植烟叶130万亩左右，产量保持在350万担左右，产量约占云南总量的1/4，占全国总量的1/10，已经成为曲靖的一大支柱产业，同时也是全国最大的烟叶产区，为地方财政、农业和农村经济的发展做出了巨大的贡献。

第一节　曲靖市烤烟生产基本情况

曲靖市烤烟生产工作，在省局（公司）和曲靖市委、市政府的正确领导下，全市上下紧扣“控规模、强基础、提质量、增特色、促发展”的工作重点，坚持以现代烟草农业建设为统领，把提高烟叶质量摆在中心位置，紧紧围绕“打造中国特色烟叶产区、创建行业标志性商业企业”的战略目标，以弘扬“利国惠民、至爱大成”的核心价值理念为契机，以推行QTP模式为切入点，措施得当，工作扎实，牢牢地把握住了烟叶工作的主动权，全面实施了促进烟叶生产持续稳定发展的一系列措施，全市烟叶工作水平稳步提升。

一、曲靖烤烟发展历史

曲靖市引进种植烤烟已有70年历史，经过了新中国成立前后两个重要的历史时期，产量、质量、效益虽几经曲折，但总的趋势是不断上升，稳步发展。

1942年，会泽县人周贵钰从昆明引种烤烟5亩，建烤房1座，将烟叶运往昆明销售，从此开创了曲靖烤烟的种植历史。1949年以前，由于技术经验不足、战争影响、交通不便等诸多因素制约，发展极为缓慢，特别是销售极为困难，很大程度上制约了烤烟生产的发展。

云南解放以后，曲靖烤烟的发展主要经过了以下几个时期：

恢复发展期（1950—1956年）：云南解放初期，曲靖各级党委、政府积极响应中央和省委的号召，为发展经济、增加农民收入、支援社会主义建设，把发展烤烟生产列入议事日程，从政策、技术、措施等方面进行扶持，使曲靖烤烟生产第一次得到恢复性的发展。1956年，曲靖烤烟种植面积和产量分别由1952年的0.16万亩、95吨发展到13.02万亩、5670吨。

徘徊发展期（1957—1967年）：1958年“大跃进”和人民公社化运动，促使烤烟生产第一次受到冲击处于停滞状态，1961年烤烟种植面积减至9.33万亩，收购仅为4105万吨。随着中央“调整、巩固、充实、提高”方针的贯彻执行，烤烟生产重新得到恢复和发展。在此期间，地、县两级分别建立良种繁育基地，全区统一供种，逐步实现了烤烟良种化育苗，同时根据气候、土壤、技术力量等生产能力情况，及时调整布局，促进了单产和质量的提高。截至1967年，烤烟种植面积16.95万亩，收购1.82万吨，亩产0.11吨，初步形成曲靖烟区格局，至此曲靖烤烟产量稳居全省榜首，占近全省总产量的1/4。

曲折发展期（1968—1978年）：“文化大革命”是曲靖烤烟生产又一次受到冲击的历史时期。1967—1974年的8年间，烟叶年均收购1.6万吨，虽比1966年产量有所增加，但中上等烟比例却逐年下降，最低年份仅为35.14%。1977年达到28.85万亩，产量3.86万吨，但中上等烟比例始终徘徊不前，仅为50%。该时期虽然也经历了曲折和冲击，但该时期烤烟生产是在科技水平不断提高、按区域化布局、实行计划生产管理的基础上发展的，为曲靖以后成为国家重要的烤烟生产基地奠定了基础。

稳步发展期（1979—1985年）：党的十一届三中全会后，改革开放为烤烟生产发展带来新的历史机遇。1979年国家农业部、轻工部、全国供销合作总社在全国41个县建立350万亩优质烤烟基地，给予一定的资金扶持，曲靖地区所辖13个县均列人基地县，烤烟生产迅速发展。20世纪80年代初期，国家大幅度提高烤烟收购价格，激发了烟农生产的积极性。1983年在贯彻国务院严格控制烤烟种植面积的政策中，对压缩面积和限产中可能出现的问题估计不足，造成烤烟减产。1984年调整布局后，种植面积增加，中上等烟比例提高。1985年在“增百致富”的影响下，面积、产量猛增，中上等烟比例却降至53.31%，带来3万多吨低次等烟积压，直接损失200万余元。在此阶段，曲靖烤烟种植虽然在控制种植面积或盲目扩大种植面积方面带来一定不利因素，但同时也积累了一定的种植经验，烤烟生产得到平稳发展。

主攻质量期（1986—1992年）：1986年，曲靖地、县成立优质烟生产领导小组，认真总结历年烤烟生产的经验教训，烟草公司与各部门密切配合，加强生产前、生产中、生产后的服务，全区19个乡建立优质烟试验示范区13个，面积1.69万亩，实行化肥、农膜差价补贴，烟叶质量与物资供应挂钩的政策，全年投入扶持资金500万元。到20世纪90年代初，国家调整烟叶收购价格，实行生产扶持费和补贴挂钩的办法，加大资金投入，扩大水浇地规模，完善产、供、销配套服务，实施科技兴烟战略，充分调动烟农的积极性。1992年种烟132.76万亩，收购烟叶22.6万吨，中上等烟比例达81.77%，曲靖步入云南省和全国烟叶生产先进行列。

快速发展期（1993—1997年）：1993年，由于国家实行宏观调控，省政府四次调整收购政策，部分干部和群众对调整政策不理解，放松了烤烟后期田间管理，加之当年自然灾害严重，烤烟产量质量下降，烟叶经销秩序混乱，导致烟叶产量和质量下降，效益欠佳。1994年，曲靖各级党委、政府在认真总结上年生产经验的基础上，及时调整完善政策，将种烟补贴改为明补，狠抓科技推广、示范和服务，保证了烤烟生产的健康发展。1997年，在全国烤烟生产供大于求的严峻形势下，稳定种植面积，主攻质量，烤烟喜获丰收，当年种植烤烟221万亩，收购烟叶29150万千克，上等烟比例达50.75%，实现农特税9.3亿元，至此，曲靖烤烟无论是生产规模还是收入都创造了历史最高水平。

规范发展期（1998—2002年）：1998年，国家开始实行“双控”政策（即对烤烟种植面积和收购量实行宏观控制），曲靖市种烟面积和收入都比上年大幅回落。此后，面对严格的“双控”政策，曲靖市委、市政府提出“市场导向，计划种植，择优布局，提高质量，提高等级合格率，提高效益”的发展思路，坚持把质量和效益放在首位，继续执行各项生产扶持政策，加大资金投入，调整种植布局，狠抓技术培训，推广各项科技措施，提高科技含量。同时，把烟农的生产纳入科学管理的范畴，推行预检、初检、定级的半封闭收购和全封闭密码收购等措施，进一步完善了烤烟生产投入扶持措施，生产布局趋于合理，合同制度管理更加健全，基本实现了控得住、稳得住、质量高、效益好的目标，烤烟生产和收购走上了科学化规范化的轨道。2002年，按照省优质烟叶生产措施和要求，组织实施省优质烟示范县工程，用云南省优质烟示范的管理措施，抓烤烟农工乡（镇）和市直单位挂钩样板，以综合示范区的技术措施指导大面积的烤烟生产，生产水平明显提高。当年全市种烟125万亩，收购烟叶14 700万吨，上等烟比例49.03%，中等烟比例50.97%，实现收购总值16.05亿元，农特税3.86亿元。曲靖市优质烟叶开发点在全国11个省17个点评比中名列第二，受到国家烟草专卖局质检组的表扬，曲靖烤烟生产步入了优质烟生产的发展道路。

创新发展期（2003年至今）：2003年，烟草系统实行工商分设。曲靖市紧紧抓住这一战略契机，面对国内外激烈的市场竞争，坚持走可持续发展的道路，确定了力争3年基本达到国际型优质烟叶水平的目标，各级党委、政府坚持“市场引导，计划种植，主攻质量，择优布局”的生产方针，全面推行“曲靖优质烟生产管理模式”（简称QTP模式），完善扶持政策，强化漂浮育苗、轮作、测土配方施肥、最佳节令移栽等实用科学技术，加快标准化烤房、密集烤房、烟水配套工程、基本烟田（地）、现代化站点等基础设施的建设，实行“聚约式”烟叶收购模式，使烟叶生产水平跃上一个新的台阶，实现质量和效益同步增长。近年来，曲靖市牢牢把握推进现代烟草农业建设这一中心任务，以整镇、整县推进为契机，坚持在探索中起步，在实践中完善，积极开展现代烟草农业示范建设。通过示范引路，模式带动，特别是2010年滇东现代烟草农业综合示范区建设，加快了全市从传统烟叶生产方式向现代烟草农业转变的步伐。2008年，曲靖市烟草公司与九家工业企业和五家科研院所紧密合作，深入开展“工商研共建原料与品牌协同发展机制（卷烟品牌导向的曲靖烟叶生产体系研究）”项目，建立了“两层机构、三项制度、三个平台”的品牌导向型基地建设“233”工作机制，初步建设了一批设施配套、品种优新、技术领先、生态高效的重点骨干品牌原料基地单元。曲靖烤烟产业的发展又到了一个新的水平。

二、曲靖烤烟生产探索与创新

（一）技术探索与创新

悠久的种烟历史，形成了曲靖比较成熟的技术体系。曲靖市烟草公司拥有庞大的农业专业技术人才队伍，科技创新和研发能力在国内地（市）级烟草商业企业中居于前列，取得的技术成果在全国范围内都有很大影响，多项技术在全国范围内得到推广。“十五”期间，针对曲靖烟草生产实际，曲靖市烟草公司从品种、栽培、植保、土壤与肥料、化验分析、烘烤等方面进行了深入系统的技术集成，在消化吸收行业研究成果的基础上进行了自主创新研究，研究项目达200余项，取得科研成果23项，其中省部级奖4项，地厅级奖19项。如自主研发的珠江源2ZY-1型烟苗移栽机，获得国家发明专利，进入了云南省农机购置补贴目录；研发的旋耕深松起垄联合机，获得了两项国家发明专利，荣获了全国发明展览会三等奖。

（二）管理探索与创新

曲靖市烟草公司总结创新了曲靖优质烟生产管理模式（QuJing Good Tobacco Practice，简称QTP），建立健全了组织指挥、技术服务和经济考核“三大”体系，实现了“技术服务到田、烘烤指导到炉、预检把关到包、信誉评价到户和质量管理到组”的管理目标。烟叶收购已形成以“入户预检、分批交售、集中运输、密码收购、承诺服务”为主要内容的烟叶聚约式收购模式，实现了对现行全封闭密码收购模式的创新和发展，将单一的窗口式服务延伸至全方位的零距离服务。

（三）国际合作探索

自1999年以来，曲靖市烟草公司与菲利普·莫里斯国际公司、德孟公司、联一国际等国际著名烟草工商企业开展了广泛的技术和贸易合作，特别是2008年以来与联一国际合作开展了全等级出口优质烟叶开发项目，实现了曲靖烟叶全等级出口的重要突破。通过国际合作，引进了先进的管理理念，学习了快节奏、高效率、高集中度的生产管理方式，加强了对国际市场的研究力度。管理层高瞻远瞩，具有全球化视野，能够以较快的速度接受先进的理念和管理方法，为参与国际竞争、与国际著名烟草工商企业建立良好的合作伙伴关系奠定了一定的基础。

（四）资源配置方式改革探索

随着行业改革的不断深入，面对卷烟品牌整合的需求，曲靖围绕国家烟草专卖局“两个十多个”的战略，充分发挥全国名优烟原料最大供应商的作用，积极探索烟叶资源配置改革道路，推进卷烟企业深度介入烟叶生产，主动与上海、湖南、红云等九家工业集团（公司）和国家烟草栽培生理生化基地等五家科研院所密切合作，从建立“烟叶生产质量”和“工业使用质量”两个数据库入手，于2007年12月启动了工商研“共建原料与品牌协同发展机制（卷烟品牌导向的曲靖烟叶生产体系研究）”项目。通过“卷烟品牌导向的曲靖烟叶生产体系研究”项目，着力挖掘烟叶质量潜力，突出曲靖烟叶风格特色，进一步明确工业生产配方需求，清晰定位烟叶生产方向，参与卷烟品牌的建设，稳步扩大合作强势品牌的原料生产区域，实现曲靖烟叶资源的优化配置。

2010年，曲靖市烟草专卖局与上海等七家工业企业和郑州烟草研究院等五家科研单位联合开发特色优质烟叶，落实开发项目点7个，涉及5个县（市）区、7个乡（镇），种植面积10.5万亩（比2009年增加3.5万亩），专收专调烟叶31万担；与湖北等八家工业企业和青州所等四家科研单位联合开展卷烟品牌导向的曲靖烟叶生产体系研究项目，大田示范面积5.5万亩，专收专调烟叶16.5万担。曲靖市烟草公司扩大特色品种种植面积，全市红花大金元、K326、云烟97和中烟100四个特色品种种植面积70.7万亩，计划收购烟叶212万担，占总计划的52.6%。

（五）现代烟草农业建设探索

曲靖市在推进原料生产方式现代化的进程中，以现代烟草农业为统领，以滇东现代烟草农业综合示范区建设为契机，认真贯彻落实“一基四化”总体要求，明确“围绕‘一条主线’，实施‘两项工程’，突出‘两大创新’，推行‘四大整合’，统筹‘八大配套’，努力‘打造中国特色烟叶产区’，实现曲靖烟叶工作新境界”的“12248”现代烟草农业建设新思路，正确处理现代烟草农业与中低产田改造、基础设施建设与组织方式创新、烟草部门投入资金的资产与业主及其他社会投入资金的资产、曲靖四县现代烟草农业建设与滇东现代烟草农业综合示范区四种关系，着重在设施农业、生产组织方式创新、专业化服务体系完善和设施管理规范等方面下工夫，努力实现烟叶生产方式根本性的转变。特别是2010年，曲靖市委、市政府提出“举全市之力，全面打造滇东现代烟草农业精品工程”的建设思路，师宗、陆良两县作为全市现代烟草农业建设的排头兵，抢抓滇东现代烟草农业示范区建设这一历史机遇，求真务实、奋力创新，在原料“三化”建设、创建优秀基层烟叶站、信息化建设和站点文化建设等方面取得了重大突破，赢得了一致好评。在全国、全省烟叶收购暨现代烟草农业建设现场会上，与会代表对曲靖滇东现代烟草农业综合示范区建设给予了充分肯定。滇东现代烟草农业建设的有益探索和丰富实践，将有力推进现代烟草农业建设再上新台阶。

第二节 曲靖市烤烟生产基础设施

近年来，国家烟草专卖局和云南省烟草专卖局高度重视烟叶基础地位，把基本烟田基础设施建设作为贯彻中央“工业反哺农业，城市支持乡村”政策的重要举措，作为烟草行业实践“三个代表”推进社会主义新农村建设和构建和谐社会的具体措施来抓，结合曲靖市解决水利设施制约烤烟发展问题带来了难得的机遇。按照国家烟草专卖局、云南省烟草专卖局关于加强烟叶基础设施建设规划的部署和要求，围绕基本烟田规划，以“烟水工程、育苗点、烤房、站点”建设等为主要内容的基础设施建设工作全面启动，这对于改善全市基本烟田基础设施条件，降低生产成本和劳动强度，稳定种植规模，实现烟农“轻轻松松种烟”，提高烤烟生产整体水平和烟叶质量，增强烤烟发展后劲，确保烤烟可持续发展，都具有重要的作用。

曲靖全市规划450万亩基本烟田，根据国家烟草专卖局“一基四化”总体要求，以现代烟草农业建设为契机，按照“整体规划、系统设计、综合配套、分步实施、创新发展”的工作思路，统筹“八大配套”，通过水利、烤房、道路、育苗设施、防雹网络、收购站点等基础设施的建设，建成设施配套、保护制度健全，稳定、优质适产的高标准、高质量的基本烟田，努力提升品牌原料综合生产能力。

曲靖市烟草公司在基础设施建设过程中，自主研发的珠江源2ZY-1型烟苗移栽机，获得国家发明专利，进入了2010年农机购置补贴目录；研发的旋耕深松起垄联合机，获得了两项国家发明专利，荣获了全国发明展览会三等奖，创新了“统筹规划、建管结合、利益到户、以水养水”的烟水工程建管模式，以管网工程为主的烟水配套，实现自流灌溉，农业用水利用率明显提高，形成了节水灌溉全新格局；整合多方资源，对基本烟田范围内的坡耕地型、缺水型和渍涝型田地进行改造，实现了“管成网、田成方、渠相通、路相连、旱能浇、涝能排”的改造目标。

第三节　曲靖烟叶质量特点

一、外观质量

曲靖烤烟外观质量表现见表2–2。曲靖烟叶成熟度好，颜色以橘黄为主，身份适中，有油分，色度中等~强，结构疏松；其中下部叶身份稍薄，稍有油分，色度中等，烟叶外观质量稳定。

表2–2　曲靖烟叶（C3F）外观质量表现

指标	样本数数	均值	标准差	峰度	偏度	最小值	最大值
成熟度	3473	9.57	0.93	8.002	–2.537	2.00	10.00
颜色	3473	8.78	0.83	4.383	–1.783	4.00	10.00
身份	3473	8.61	1.53	–0.284	–0.720	4.00	10.00
油分	3473	5.75	1.49	–1.202	–0.359	2.00	10.00
色度	3473	5.33	1.07	1.538	0.898	2.00	9.00
结构	3473	9.77	0.73	24.688	–4.538	3.00	10.00

注：表中数据均以C3F为代表，外观指标采用10分制进行量化。

二、主要化学成分

曲靖烤烟主要化学成分含量表现见表2–3。烟叶总糖和还原糖含量较高，总氮和烟碱含量适宜，钾含量超过1.50%，淀粉、挥发性酸和挥发性碱含量适中，石油醚提取物含量中等，绿原酸含量较高，糖碱比适宜（为10.80），氮碱比协调（≤1.0），钾氯比较高（>4.0）；中、下部叶糖含量中等，钾含量较高；烟叶糖含量和绿原酸含量变幅较大。

表2-3 曲靖烟叶（C3F）主要化学成分含量表现

指标	样本数	均值	标准差	峰度	偏度	最小值	最大值
总糖	3506	31.65	4.97	0.483	–0.579	7.78	44.61
还原糖	3506	23.97	4.32	0.274	–0.182	6.07	38.81
总氮	3506	1.82	0.30	0.427	0.494	0.90	3.28
烟碱	3506	2.22	0.65	0.437	0.581	0.39	4.92
钾	3506	1.65	0.38	0.644	0.515	0.35	3.60
水溶性氯	3506	0.27	0.32	11.645	2.796	0.02	3.47
淀粉	3506	3.67	1.95	3.733	1.495	0.56	16.81
挥发性酸	3506	0.10	0.03	–0.425	0.388	0.02	0.21
挥发性碱	3506	0.30	0.08	0.29	0.463	0.10	0.65
石油醚提取物	3506	5.50	0.81	0.239	0.214	1.85	8.47
绿原酸	3506	14.5	3.78	9.154	2.435	0.44	45.95
莨菪亭	3506	0.10	0.05	6.306	1.921	0.02	0.54

注：表中数据均以C3F为代表。

三、物理特性

曲靖烤烟物理特性表现见表2-4。烟叶单叶重基本适宜，叶片尺寸和长宽比例协调，含梗率、叶面密度适宜，填充值较高，平衡含水率适当。

表2-4 曲靖烟叶（C3F）物理特性表现

指标	样本数	均值	标准差	峰度	偏度	最小值	最大值
单叶重	2489	9.94	2.15	1.999	0.777	3.60	24.43
叶长	2489	60.66	5.69	–0.053	0.040	44.00	79.50
叶宽	2489	20.28	2.86	–0.198	0.214	11.60	29.47
含梗率	2489	32.41	3.57	6.129	0.829	15.60	64.05
叶面密度	2489	69.03	14.88	0.453	0.081	24.88	120.37
填充值	2489	3.53	0.50	0.794	0.579	2.39	6.57
平衡含水率	2489	13.58	1.29	–0.485	0.164	8.68	18.35

注：表中数据均以C3F为代表，下同。

四、感官评吸质量

曲靖烤烟感官评吸质量表现见表2-5。烟叶香气质中等-好，香气量尚足，稍有杂气和刺激性，余味尚舒适，燃烧性中~强，灰色为灰白，评吸总分较高；浓度和劲头适中，清香型风格突出或明显，烟气特性中等~较好。

表2-5　曲靖烟叶（C3F）感官评吸质量表现

指标	样本数	均值	标准差	峰度	偏度	最小值	最大值
香气质	2858	14.22	0.95	0.732	-0.291	10.0	17.0
香气量	2858	14.74	1.02	0.140	-0.547	11.0	18.0
杂气	2858	11.40	1.03	4.333	-0.989	3.0	15.0
刺激性	2858	12.77	0.92	1.206	-0.311	8.0	16.0
余味	2858	14.17	0.98	1.082	-0.367	9.5	18.0
燃烧性	2858	3.77	0.51	0.796	0.146	1.0	5.0
灰色	2858	3.14	0.41	2.159	0.649	1.0	4.0
合计（100）	2858	74.23	4.05	1.043	-0.413	52.5	88.0
浓度	2858	3.22	0.34	1.169	0.578	2.0	5.0
劲头	2858	3.07	0.30	4.433	0.728	2.0	5.0
香型	2858	3.92	0.66	0.164	-0.204	1.5	5.0
成团性	2858	3.27	0.46	0.786	0.041	1.0	5.0
干燥感	2858	3.06	0.55	0.553	-0.141	1.0	5.0
甜度	2858	1.80	0.48	0.157	0.154	0.5	4.0
柔和性	2858	3.12	0.55	0.969	-0.448	1.0	5.0

注：表中数据均以C3F为代表。

曲靖烟叶质量整体稳定且较好，清香型风格明显。具有品质纯正、色泽金黄、油润丰满、厚薄适中、香气质好、燃烧性好、填充性和配伍性好等特点，可作为国内骨干卷烟工业企业的卷烟主体原料。

第三章　品牌使用曲靖烟叶原料评价体系构建

第一节　“芙蓉王”品牌需求曲靖烟叶的使用情况

湖南的卷烟工业对曲靖烟叶的使用历史是比较久的。“芙蓉王”创牌之前的二十世纪七八十年代，当时的常德、长沙、郴州等卷烟厂在曲靖就有烟叶调拨业务，其烟叶进入各自的卷烟品牌配方中。“芙蓉王”创牌之初，本着“高贵、典雅、清新、飘逸”的设计理念，曲靖烟叶以主料烟地位进入叶组配方，提供主体香气，“高雅、飘逸”的风格得到广大消费者的认可，品牌一炮而红。因此，曲靖烟叶为“芙蓉王”品牌的成功研发与发展起了重要作用。

一、调拨情况

随着“芙蓉王”品牌的发展壮大，湖南中烟工业有限责任公司对曲靖烟叶原料的需求也不断扩大。近年来，湖南中烟工业有限责任公司在曲靖的调拨量不断加大，2008年调拨量为16万担（含增补计划1万担），2009年调拨量为20万担（含增补计划5万担），2010年调拨量为20万担（含抗旱专项计划10万担）。调拨区域也相应固定下来，由原来的分散调拨逐步转化为集中在马龙、富源、师宗、宣威、罗平五县调拨（见表3–1）。

表3-1　2008—2010 年湖南中烟工业有限责任公司在曲靖的烟叶调拨情况

年限	调拨县	主要调拨乡（镇）	主要调拨等级	调拨量（万担）	合计（万担）
2008	马龙	大庄、纳章	C2F、C3F、C3L	1.4	16
	富源	大河、墨红、竹园等	C2F、C3F、C3L	4	
	师宗	龙庆、五龙	C2F、C3F、C3L	3.5	
	会泽		C2F、C3F、C3L	2.18	
	宣威		C2F、C3F、C3L	1.92	
	罗平	阿岗、马街、九龙、老厂	C2F、C3F、C3L	2	
	麒麟区		C2F、C3F、C3L	1	
2009	马龙	大庄、纳章	C2F、C3F、C3L	1.3	20（含增补计划5万担，占2010年计划，括号内为增补计划量）
	富源	大河、墨红、竹园等	C2F、C3F、C3L	4.7	
	师宗	龙庆、五龙	C2F、C3F、C3L	4.5+（3.5）	
	宣威		C2F、C3F、C3L	2	
	罗平	阿岗、马街、九龙、老厂	C2F、C3F、C3L	2.5+（1.5）	
2010	马龙	大庄、纳章	C2F、C3F、C3L	1.4+（1.5）	20（含抗旱专项计划，括号内为专项计划量）
	富源	大河、竹园、黄泥河等	C2F、C3F、C3L	2.5+（4.06）	
	师宗	龙庆、五龙	C2F、C3F、C3L	4+（1）	
	宣威	得禄、龙潭	C2F、C3F、C3L	1.1+（0.94）	
	罗平	阿岗、马街、九龙	C2F、C3F、C3L	1+（1）	
	沾益			0+（1.5）	

二、“芙蓉王”品牌对曲靖烟叶的质量需求

总体要求：烟叶优质适产、特色突出、质量均衡、批量稳定。

外观质量：具有好的成熟度，颜色金黄–橘黄，油分足，弹性好。

化学成分：各项指标在适宜范围内，化学成分均衡协调。其中，烟碱含量1.5~3.5%（下部叶1.5~2.2%、中部叶2.2~2.6%、上部叶2.8~3.5%），还原糖含量24~28%，总糖含量28~32%，淀粉含量5%以下，钾含量2%以上，氯离子含量0.3~0.8%。

评吸质量：香气风格突出，香气量足，香气质优，劲头适中，刺激性小，余味较干净，无明显不良杂气，回甜感强。

三、示范点质量评价

曲靖作为“芙蓉王”品牌原料主要供应产区，按照“芙蓉王”品牌原料需求特点，2008—2010年，在马龙（大庄）、富源（大河、营上、竹园）、师宗（龙庆、彩云）开展配套综合技术研究与项目示范，取得了很好的示范效果。曲靖市烟草公司对曲靖产区的主要示范点进行了取样跟踪与质量评价，以下是质量评价结果。

（一）外观质量

表3-2 示范点烟叶外观质量评价

年度	示范点	部位	外观质量					
			成熟度	颜色	身份	油分	色度	结构
2008	营上	X	成熟	橘黄-	稍薄	稍有-	中	疏松
		C	成熟	橘黄	中等	有	强	疏松
		B	尚熟+	橘黄	稍厚	有	中	尚疏松-
	大庄	X	成熟	橘黄	稍薄+	稍有	中	疏松
		C	成熟	橘黄	中等	有+	强	疏松
		B	成熟	橘黄	中等+	有	强	疏松-
2009	大庄	X	成熟	橘黄	稍薄	稍有	强-	疏松
		C	成熟	橘黄	中等	有+	强	疏松
		B	成熟	橘黄	中等+	有	强	尚疏松
	龙庆	X	成熟	橘黄	稍薄	稍有	中	疏松
		C	成熟	橘黄	中等	有	强	疏松
		B	成熟-	橘黄-	稍厚	有	强-	尚疏松-
	大河	X	成熟	橘黄	稍薄	稍有	中	疏松
		C	成熟	橘黄	中等	有	强	疏松
		B	成熟-	柠檬黄+	稍厚-	有-	强	稍密+
2010	大庄	X	成熟	橘黄	稍薄	稍有	中	疏松
		C	成熟	橘黄	中等	有	强	疏松
		B	成熟-	橘黄	中等+	有	强	尚疏松-

续表

年度	示范点	部位	外观质量					
			成熟度	颜色	身份	油分	色度	结构
2010	彩云	X	成熟-	橘黄	稍薄	稍有-	中	疏松-
		C	成熟-	橘黄	中等	有-	强	疏松-
		B	尚熟	橘黄-	稍厚-	有-	强-	稍密+
	竹园	X	成熟-	橘黄-	稍薄	稍有-	中	疏松-
		C	成熟	橘黄	中等	有	强	疏松-
		B	尚熟+	橘黄-	稍厚	有-	强-	尚疏松-
总体描述：2008年、2009年属正常年份，外观质量表现正常；2010年受恶劣天气条件影响，外观质量有下降趋势，主要表现在成熟度下降，组织结构和油分变差								

（二）化学成分

表3-3　示范点烟叶化学成分评价

年度	示范点	等级	化学成分					
			总糖（%）	还原糖（%）	总氮（%）	烟碱（%）	钾（%）	糖碱比
2008	营上	X2F	32.38	26.23	1.86	1.53	1.98	17.14
		C3F	30.45	28.09	2.23	2.67	1.87	10.52
		B2F	28.33	22.02	2.44	3.32	163	6.63
	大庄	X2F	35.65	28.98	1.67	1.78	1.71	16.28
		C3F	36.88	30.12	1.65	2.25	2.03	13.38
		B2F	33.76	27.89	2.18	2.50	1.97	11.16
2009	大庄	X2F	39.20	29.33	1.32	1.36	2.00	21.56
		C3F	38.98	33.26	1.50	2.37	1.65	14.03
		B2F	34.20	28.95	1.86	2.67	1.79	10.84
	龙庆	X2F	34.55	27.68	1.36	1.39	1.92	19.91
		C3F	36.12	30..95	1.63	2.23	1.56	13.87
		B2F	30.75	25.24	2.70	2.96	1.21	8.49
	大河	X2F	36.56	26.24	1.79	1.42	2.46	18.48
		C3F	37.76	32.53	1.89	2.10	1.88	15.49
		B2F	30.55	25.76	2.34	3.17	1.67	8.13

续表

年度	示范点	等级	化学成分					
			总糖（%）	还原糖（%）	总氮（%）	烟碱（%）	钾（%）	糖碱比
2010	大庄	X2F	36.15	30.38	1.59	1.79	1.51	16.98
		C3F	37.74	32.19	2.14	2.72	1.59	11.85
		B2F	31.66	27.63	2.94	3.96	1.28	6.97
	彩云	X2F	38.33	32.66	1.52	2.54	1.71	12.87
		C3F	34.27	29.79	2.18	2.81	1.53	10.62
		B2F	31.42	27.42	2.65	3.24	1.26	8.46
	竹园	X2F	35.06	28.87	1.82	2.42	1.81	11.93
		C3F	36.4	30.34	2.03	2.97	1.25	10.21
		B2F	32.21	27.25	2.77	3.84	1.36	7.09
总体描述：检测方法为近红外光谱法，结果为化学成分均值。2008年、2009年示范点烟叶化学成分比较协调，但钾含量稍偏低；2010年示范点烟叶化学成分尚协调，表现为中上部叶烟碱含量偏高，中下部叶糖含量略偏高，钾含量偏低								

（三）感官评吸

表3-4 示范点烟叶感官评吸质量

年度	示范点	感官整体评价
2008	马龙大庄 富源营上	清香型风格较突出，香气质中等至较好；香气量尚足至较足；烟气浓度适中至较大，较细腻；杂气有至略大；劲头适中；刺激性有至略大；余味较舒适至尚舒适；燃烧性较强；灰色白至灰白。烟叶可用性较高
2009	马龙大庄 富源大河 师宗龙庆	清香风格较典型，香气质较好，量略足-较足，透发性较好，杂气略有；烟气较细腻-略细腻，浓度适中，劲头适中-略偏小；有回甜，余味舒适；有轻微辛辣感和干燥感，口腔有残留，烟叶可用性整体中偏上。相对而言，马龙大庄烟叶感官评吸质量更好
2010	马龙大庄 富源竹园 师宗彩云	烟叶香气风格为清香型，清甜感略明显，香气质以略好为主，马龙大庄表现较好；香气量以略足为主，个别较足；杂气有；烟气略浓，劲头适中-较大；刺激偏大；余味略舒适，回甜较好，灰色白。相比去年，感官质量基本稳定
总体描述：示范点烟叶的清香型风格特点较明显，三年质量基本保持稳定。2008年、2009年烟叶的感官评吸质量更好，表现为香气较细腻，余味较舒适，可用性也相对较好；2010年烟叶的烟气质感有所下降，表现为劲头与刺激性有加大的趋势，烟气略显粗糙。三年以马龙大庄点的评吸质量表现最好，且最稳定		

第二节　湖南中烟工业有限责任公司“芙蓉王”喜好原料评价体系构建

原料评价体系包括指标选择、权重确定和综合评价模型构建。

一、生态评价指标体系

（一）指标和权重确定

结合专家意见，采用回归分析法分析感官质量与生态因子的关系，进而确定生态因子指标及大致适宜范围。

烤烟感官质量与植烟海拔回归分析结果显示（见图3-1），烤烟感官质量与海拔符合二次曲线关系（$P<0.01$），随着海拔的升高，烤烟感官质量呈先上升后下降的趋势，海拔超过2000m，烤烟感官质量开始迅速下降。

烤烟感官质量与植烟土壤pH的回归分析结果显示（见图3-1），烤烟感官质量与pH符合二次曲线关系（$P<0.01$），随着pH值的升高，烤烟感官质量呈先上升后下降的趋势，pH超过6.5，烤烟感官质量开始呈现缓慢下降。

烤烟感官质量与植烟土壤有机质含量的回归分析结果显示（见图3-1），烤烟感官质量与有机质含量符合二次曲线关系（$P<0.01$），随着有机质含量的升高，烤烟感官质量呈先上升后下降的趋势，有机质含量在30g/kg左右时，烤烟感官质量出现峰值。

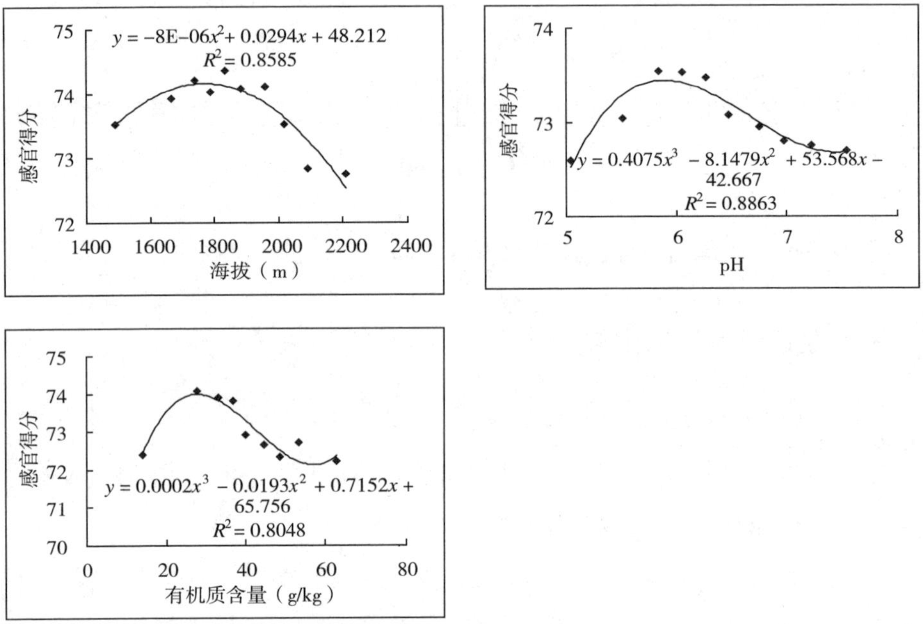

图3-1　烤烟感官质量与植烟土壤pH的回归分析

根据以上分析，同时结合湖南中烟工业有限责任公司专家的意见，最终确定土壤类型（必须为红壤）、海拔、土壤pH和土壤有机质含量为生态条件评价指标，并确定权重。

表3-5　采用层次分析法确定各指标权重

指标	权重
土壤类型	不设权重，红壤为必要条件（70%的土壤为红壤，则认为该乡（镇）土壤为红壤，即满足湖南中烟工业有限责任公司对烤烟土壤类型的要求）
海拔	0.57
pH	0.23
有机质	0.20

（二）评价模型构建

根据以上研究，结合湖南中烟工业有限责任公司专家的意见，确定品牌烟叶适宜生态条件（见表3-6）。

表3-6　烟叶化学评价指标及标准

指标	指标所属类型	最优	次优
海拔	适中型	1600~2000	2000~2100
pH	适中型	5.6~6.5	4.5~5.6，6.5~7
有机质	适中型	25~40	10~25

二、烟叶原料评价指标体系

（一）指标确定

烤烟感官质量得分反映其内在品质，是卷烟企业使用某种烟叶和配方设计的重要参考依据，是指烟叶通过燃烧所产生烟气的特征，主要依靠评吸专家抽吸对其主要评价指标进行评分来鉴定。烤烟化学成分、外观质量和物理特性是决定烟叶感官质量的主要因素，烟叶感官质量是烟叶化学成分经过燃吸表现出来的烟气特征，这一过程同时受烟叶物理特性的影响。因此我们通过分析化学成分、物理特性和烤烟感官质量关系的方法确定评价指标。连续两年在曲靖烟区取C3F烤烟样品368个，由湖南中烟工业有限责任公司组织测定化学成分、物理指标、外观质量并进行感官评吸。

在数据处理过程中，针对样本量大的特点，先对每项烟叶化学成分指标和物理特性指标按数值排序，依大小顺序进行等样本数分组，均划分为10个样本组（每组样本数36~37）；再计算各样本组烟叶化学成分及物理特性的平均值和各样本组对应的感官质量得分的平均值，得到新变量序列样本；最后使用新变量样本，定量分析烟叶化学成分、物理特性与烟叶感官质量的关系。选择感官质量、风格指标及与感官质量关系密切的化学成分指标和物理特性指标，以及外观质量作为烟叶原料评价指标。

1．评吸风格特征确定

表3–7　不同适用能力烟叶的评吸风格特征

指标	适用能力		差异显著性
	强	弱	
感官总分	75.84 ± 1.34	71.23 ± 2.23	0.000
浓度	3.18 ± 0.37	3.11 ± 0.41	0.098
劲头	3.04 ± 0.25	3.13 ± 0.48	0.049
香型	4.59 ± 0.52	3.74 ± 0.64	0.000

对湖南中烟工业有限责任公司采购点烤烟感官质量按照湖南中烟工业有限责任公司“芙蓉王”品牌的适用能力进行分组（感官总分74分以上为强，感官总分74分以下为弱），比较两组烤烟的感官质量总得分和评吸风格得分，并进行方差分析（见表3–7），结果表明，除浓度得分差异不显著，劲头和香型得分在不同分组间存在显著和极显著差异。在数据分析的基础上，结合湖南中烟工业有限责任公司专家意见，确定香型、浓度和劲头评吸风格评价指标。

2．感官质量指标确定

对湖南中烟工业有限责任公司采购点烤烟感官质量按照湖南中烟工业有限责任公司“芙蓉王”品牌的适用能力进行分组（感官总分74分以上为强，感官总分74分以下为弱），比较两组烤烟的感官质量情况，并进行方差分析（见表3–8），结果表明，所有感官质量指标均在不同分组间存在极显著差异。

表3–8　“芙蓉王”品牌需求不同适用能力烟叶感官质量特点分析

指标	适用能力		差异显著性
	强	弱	
感官总分	75.84 ± 1.34	71.23 ± 2.23	0.000
香气质	14.4 ± 0.37	13.36 ± 0.81	0.000
香气量	15.11 ± 0.65	14.74 ± 0.75	0.000
杂气	11.47 ± 0.48	10.54 ± 0.66	0.000
刺激性	12.69 ± 0.59	12.04 ± 0.84	0.000
余味	14.39 ± 0.44	13.52 ± 0.73	0.000
燃烧性	4.11 ± 0.57	3.61 ± 0.56	0.000
灰色	3.68 ± 0.42	3.41 ± 0.5	0.000

进一步对湖南中烟工业有限责任公司采购点烤烟感官质量指标进行相关分析，结果显示，各单项与感官质量总分相关性均为极显著正相关，选择与感官总分相关性较高的指标，同时结合湖南中烟工业有限责任公司专家意见，确定香气质、杂气、余味和感官质量总得分作为感官质量评价指标。

表3-9 湖南中烟工业有限责任公司曲靖调拨点烤烟感官质量相关分析

指标	香气质	香气量	杂气	刺激性	余味	燃烧性	灰色	感官总分
香气质	1.000	0.272**	0.711**	0.309**	0.687**	0.243**	0.129*	0.857**
香气量	0.272**	1.000	0.034	–.221**	0.218**	0.123*	0.074	0.363**
杂气	0.711**	0.034	1.000	0.433**	0.595**	0.133*	0.166**	0.784**
刺激性	0.309**	–.221**	0.433**	1.000	0.395**	–0.012	–0.069	0.500**
余味	0.687**	0.218**	0.595**	0.395**	1.000	0.103*	0.005	0.780**
燃烧性	0.243**	0.123*	0.133*	–0.012	0.103*	1.000	0.350**	0.420**
灰色	0.129*	0.074	0.166**	–0.069	0.005	0.350**	1.000	0.316**
感官总分	0.857**	0.363**	0.784**	0.500**	0.780**	0.420**	0.316**	1.000

3. 化学指标确定

本部分采用回归分析法分析感官质量与化学指标的关系，进而确定化学评价指标，同时大致确定各指标的较优区间和各指标所属类型。

烤烟感官质量与还原糖含量回归分析结果显示（见图3–2），烤烟感官质量与还原糖含量呈二次曲线关系，随着烤烟还原糖含量的增加，烤烟感官质量呈先上升后下降的趋势，当烤烟还原糖含量在25%左右时，烤烟感官质量最优。

烤烟感官质量与总氮含量回归分析结果显示（见图3–3），烤烟感官质量与还总氮含量呈抛物线关系，随着烤烟总氮含量的增加，烤烟感官质量呈先上升后下降的趋势。

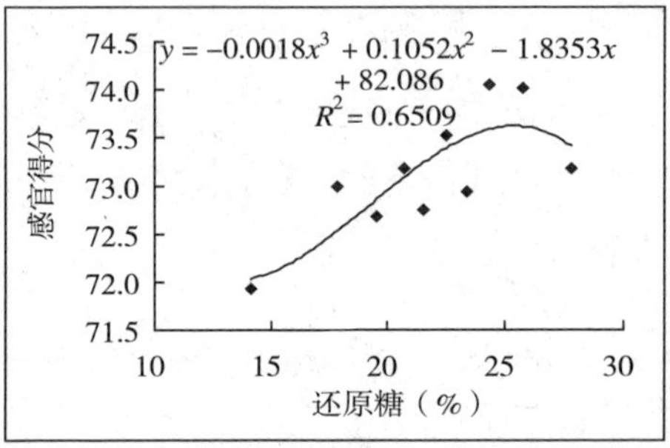

图3-2　烤烟感官质量得分与还原糖含量的关系

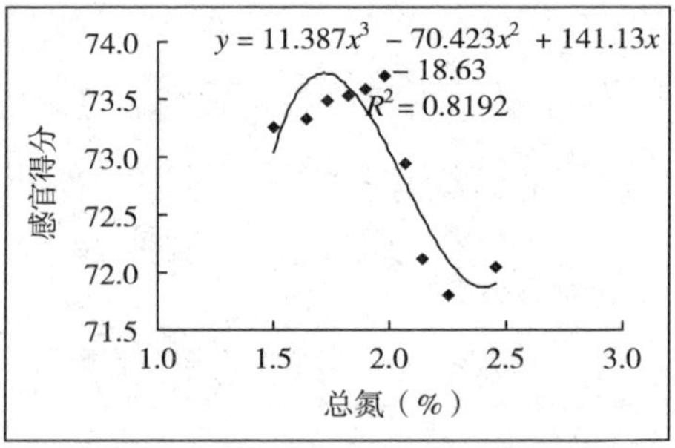

图3-3　烤烟感官质量得分与总氮含量的关系

烤烟感官质量与烟碱含量回归分析结果显示（见图3-4），烤烟感官质量与烟碱含量呈二次曲线关系，随着烤烟烟碱含量的增加，烤烟感官质量呈先上升后下降的趋势，当烤烟烟碱含量在2.5%左右时，烤烟感官质量最优，此后随着烟碱含量的增加烤烟感官质量下降。

烤烟感官质量与钾含量回归分析结果显示（见图3-5），烤烟感官质量与烟碱含量呈二次曲线关系，随着烤烟钾含量的增加，烤烟感官质量呈上升趋势，当烤烟烟碱含量在2.1%左右时，烤烟感官质量仍有增加。

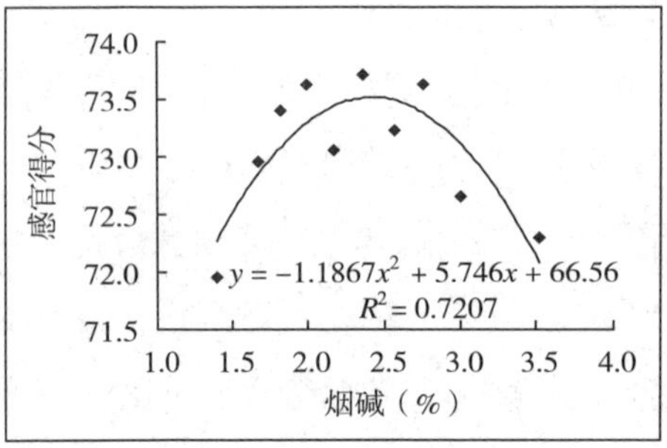

图3-4　烤烟感官质量得分与烟碱含量的关系

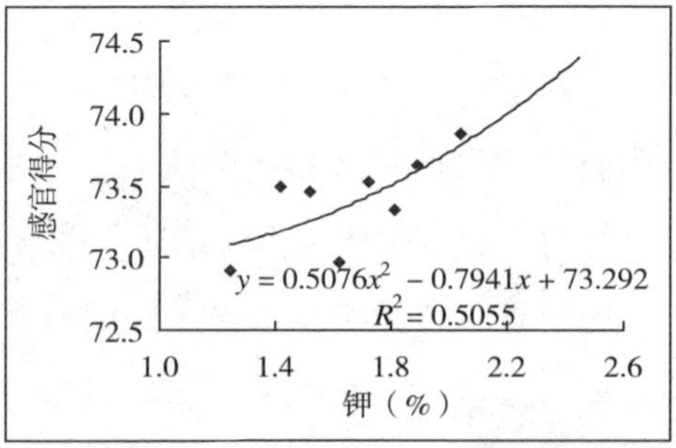

图3-5　烤烟感官质量得分与钾含量的关系

烤烟感官质量与糖碱比回归分析结果显示（见图3-6），烤烟感官质量与糖碱比呈二次曲线关系，随着烤烟糖碱比的增加，烤烟感官质量呈先上升后下降的趋势，当烤烟糖碱比达14左右时，烤烟感官质量最优，此后随着糖碱比的增加烤烟感官质量下降。

烤烟感官质量与氮碱比回归分析结果显示（见图3-7），烤烟感官质量与氮碱比呈二次曲线关系，随着烤烟氮碱比的增加，烤烟感官质量呈先上升后下降趋势，当烤烟氮碱比达0.9左右时，烤烟感官质量达到峰值；当氮碱比超过1.1，感官质量下降明显。

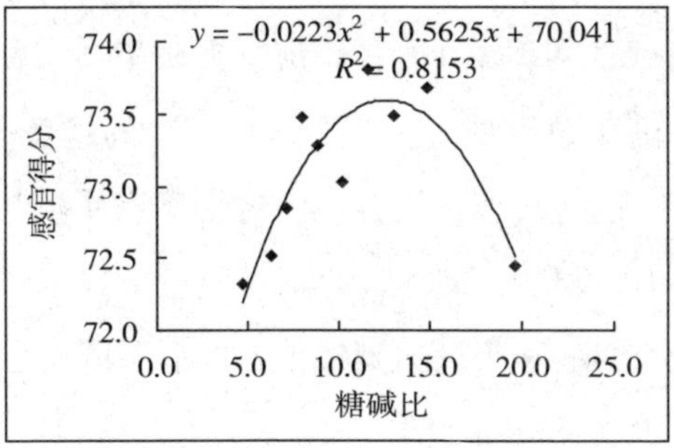

图3-6　烤烟感官质量得分与糖碱比的关系

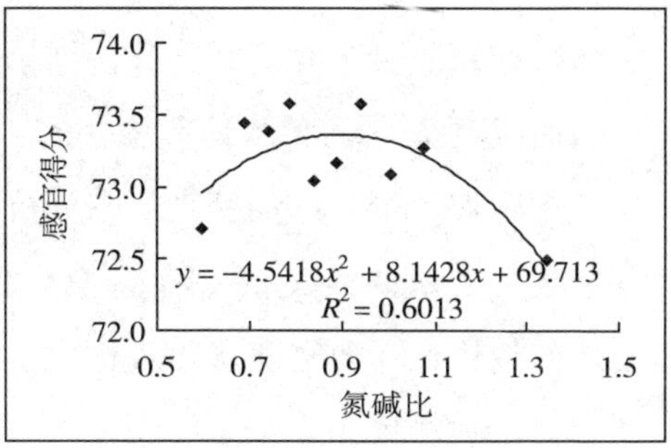

图3-7　烤烟感官质量得分与氮碱比的关系

烤烟感官质量与氯含量回归分析结果显示（见图3-8），烤烟感官质量与氯含量呈二次曲线关系，随着烤烟氯含量的增加，烤烟感官质量呈先上升后下降的趋势，当烤烟氯含量在0.4%左右时，烤烟感官质量最优，此后随着氯含量的增加烤烟感官质量下降。

烤烟感官质量与钾氯比回归分析结果显示（见图3-9），烤烟感官质量与氯含量符合二次曲线加平台关系，随着烤烟钾氯比的增加，烤烟感官质量呈先上升后趋于稳定的趋势，当烤烟钾氯比在15左右时，烤烟感官质量趋于稳定。

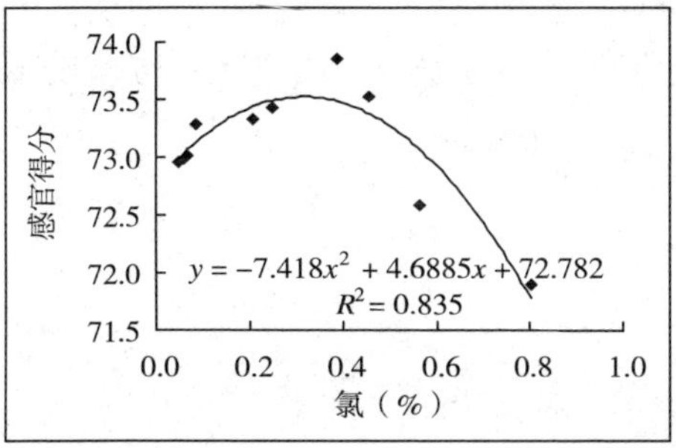

图3-8　烤烟感官质量得分与氯含量的关系

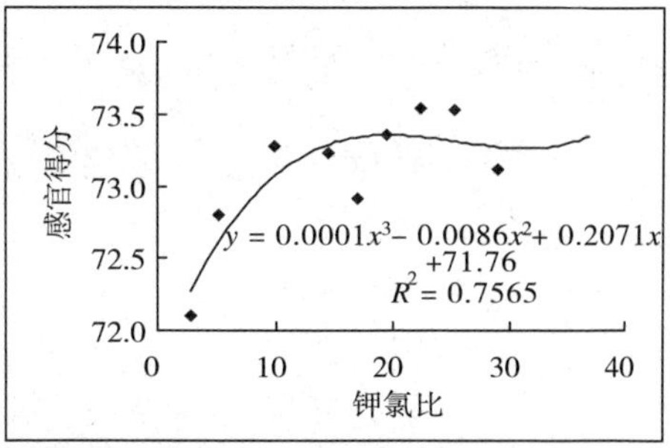

图3-9　烤烟感官质量得分与钾氯比的关系

根据以上分析可知，与烤烟感官质量关系较为密切的化学指标有还原糖、总氮、烟碱、钾含量、氯含量、糖碱比、氮碱比和钾氯比，因此确定该8项化学指标为烟叶原料评价的化学指标。

4. 物理指标确定

此部分采用回归分析法分析感官质量物理指标的关系，进而确定物理评价指标。

烤烟感官质量与叶宽回归分析结果显示（见图3–10），烤烟感官质量与叶宽呈二次曲线关系，随着烤烟叶宽的增加，烤烟感官质量呈先上升后下降的趋势。

烤烟感官质量与叶面密度回归分析结果显示（见图3–11），烤烟感官质量与叶面密度呈二次曲线关系，随着烤烟叶面密度的增加，烤烟感官质量呈先上升后下降的趋势，叶面密度在90g/m²左右时烤烟感官质量达到峰值，此后下降。

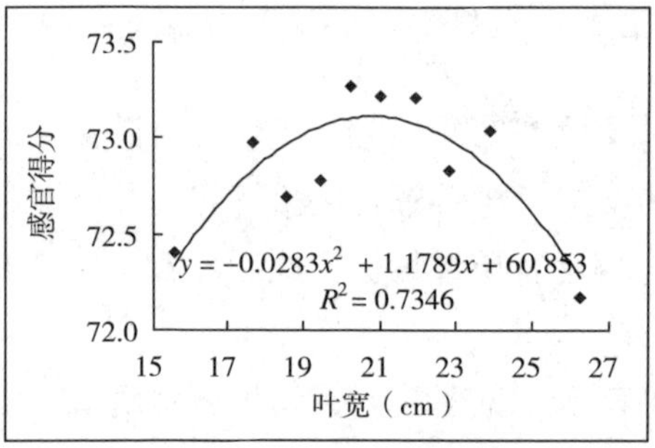

图3–10 烤烟感官质量得分与叶宽的关系

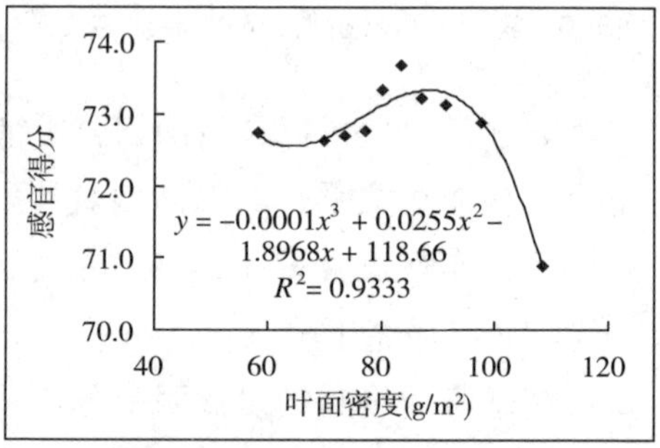

图3–11 烤烟感官质量得分与叶面密度的关系

烤烟感官质量与单叶重回归分析结果显示（见图3–12），烤烟感官质量与单叶重呈二次曲线关系，随着烤烟单叶重的增加，烤烟感官质量呈先上升后下降的趋势，单叶重在10g左右时，烤烟感官质量达到峰值。

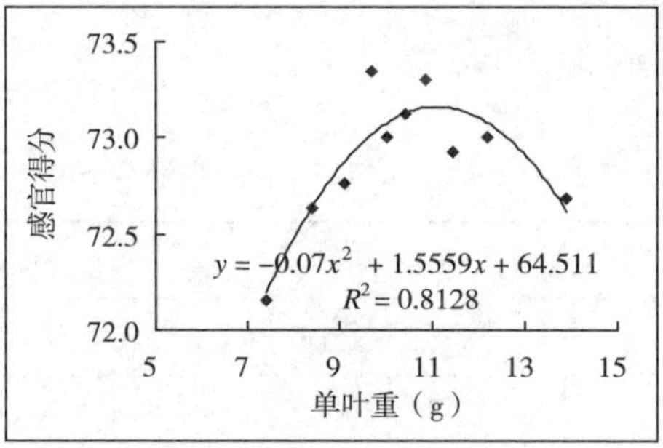

图3-12　烤烟感官质量得分与单叶重的关系

叶长、含梗率、平衡含水率等指标与感官质量的回归方程未达显著水平（图片未列出）。根据以上分析可知，与烤烟感官质量关系较为密切的物理指标有叶长、单叶重、叶面密度，因此将该3项物理指标作为烟叶原料评价的物理指标。

（二）权重确定

采用层次分析法确定化学指标、物理特性、外观质量、感官质量及评吸风格单项指标的权重，见表3-10。

表3-10　湖南中烟工业有限责任公司喜好原料评价化学指标和物理指标权重

指标	权重	指标	权重	指标	权重	指标	权重
还原糖	0.18	叶宽	0.35	香气质	0.24	香型	0.5
总氮	0.11	单叶重	0.30	余味	0.22	劲头	0.30
烟碱	0.2	叶面密度	0.35	杂气	0.18	浓度	0.20
钾	0.08			感官总分	0.36		
氯	0.05						
糖碱比	0.16						
氮碱比	0.12						
钾氯比	0.1						

（三）评价模型构建

1．评吸风格评价模型

表3-11 烤烟评吸风格评价指标及标准

指标	指标所属类型	最优
香型	效益型	＞3.5
浓度	适中型	2.7~3.3
劲头	适中型	2.8~3.2

2．感官质量评价模型

表3-12 烤烟感官质量评价指标及标准

指标	指标所属类型	最优	次优
香气质	效益型	＞14	13~14
余味	效益型	＞14	13~14
杂气	效益型	＞11	10~11
感官总分	效益型	＞74	70~74

3．化学指标评价模型

根据以上研究，结合湖南中烟工业有限责任公司专家意见，确定品牌需求烟叶的化学指标评价标准见表3-13。

表3-13 烟叶化学评价指标及标准

指标	指标所属类型	最优	次优
烟碱（%）	适中型	2.2~2.8	2.0~2.2，2.8~3.0
还原糖（%）	适中型	25~30	21~25
糖碱比	适中型	12~14	10~12，14~16
氯含量（%）	适中型	0.4~0.6	0.2~0.4，0.6~0.8
总氮（%）	适中型	1.6~1.8	1.8~2.0
氮碱比	反S型	0.8~1.0	0.7~0.8，1.0~1.1
钾（%）	效益型	＞1.8	1.6~1.8
钾氯比	效益型	＞15	10~15

任一乡（镇）80%以上面积的烤烟某一化学指标符合“最优”，则该乡（镇）烤烟这一化学指标属“最优”；任一乡（镇），若有累计权重0.6以上的化学指标符合“最优”，则该基地可判定为湖南中烟工业有限责任公司烤烟化学指标首选区。

任一乡（镇）80%以上面积的烤烟某一化学指标符合“最优”，则该乡（镇）烤烟这一化学指标属“最优”；任一乡（镇），若有累计权重0.8以上的化学指标符合“最优”，则该基地可判定为湖南中烟工业有限责任公司烤烟化学指标储备区。

4. 物理指标评价模型

根据以上研究，结合湖南中烟工业有限责任公司专家意见，确定品牌需求烟叶的物理特性评价标准见表3-14。

表3-14　烟叶物理特性评价的指标及标准

指标	指标所属类型	最优	次优
单叶重（g）	效益型	9~11	7~9
叶宽（cm）	效益型	18~22	>22
叶面密度（%）	效益型	80~90	70~80，90~100

任一乡（镇）80%以上面积的烤烟某一物理指标符合“最优”（面积计算采用），则该乡（镇）烤烟这一物理指标属“最优”；任一乡（镇），若有累计权重0.6以上的物理指标符合“最优”，则该基地可判定为湖南中烟工业有限责任公司烤烟物理指标首选区。

同理，任一乡（镇）80%以上面积的烤烟某一物理指标符合“最优”，则该乡（镇）烤烟这一物理指标属“最优”；任一乡（镇），若有累计权重0.8以上的物理指标符合“最优”，则该基地可判定为湖南中烟工业有限责任公司烤烟物理指标储备区。

第四章 “芙蓉王”品牌烟叶基地区域筛选

第一节 “芙蓉王”品牌原料基地区域筛选

一、筛选方法简介

根据第三章内容确定湖南中烟工业有限责任公司“芙蓉王”基地筛选方法如下：

任一乡（镇）60%以上面积的烤烟某一生态指标符合“最优”（面积采用ArcGIS软件计算），则该乡（镇）烤烟这一生态指标属“最优”；任一乡（镇），若有累计权重0.6以上的生态指标符合“最优”，则该基地可判定为湖南中烟工业有限责任公司烤烟生态首选区。

同理，任一乡（镇）60%以上面积的烤烟某一生态指标符合“最优”或“次优”，则该乡（镇）烤烟这一生态指标属“次优”；任一乡（镇），若有累计权重0.8以上的生态指标符合“最优”或“次优”，则该基地可判定为湖南中烟工业有限责任公司烤烟生态储备区。

对于其他指标亦采取类似方法进行首选区和储备区筛选。

对于同时满足生态条件、风格特征、感官质量、化学指标、物理特性和外观质量“最优”的乡（镇），可确定为湖南中烟工业有限责任公司原料基地首选区；对于同时满足以上指标“次优”（或最优）的乡（镇），可确定为湖南中烟工业有限责任公司原料基地储备区。

在筛选品牌原料基地的过程中，同时参考湖南中烟工业有限责任公司专家意见对筛选结果进行小幅调整，最终确定基地首选区和储备区。

二、生态条件首选区和储备区筛选

基于2008年的土壤取样数据和曲靖dem数据，采用ArcGIS软件获取了曲靖烟区海拔和土壤养分指标空间分布图。

根据曲靖烟区烤烟生态指标空间分布图，对各乡（镇）符合“最优”标准的各生态指标进行统计，并计算累计权重（见表4-1）。

表4-1 湖南中烟工业有限责任公司烤烟生态首选区筛选过程

县市	乡（镇）	海拔	pH	有机质	合计
沾益县	白水镇	0.57	0.23	0.2	1
沾益县	播乐乡	—	0.23	0.2	0.43
沾益县	大坡乡	0.57	0.23	0.2	1
沾益县	德泽乡	0.57	0.23	0.2	1
沾益县	菱角乡	0.57	0.23	0.2	1
沾益县	盘江镇	0.57	0.23	0.2	1
沾益县	西平镇	0.57	0.23	0.2	1
沾益县	炎方乡	—	0.23	0.2	0.43
宣威市	阿都乡	0.57	0.23	0.2	1
宣威市	板桥镇	0.57	—	0.2	0.77
宣威市	宝山镇	0.57	0.23	0.2	1
宣威市	得禄乡	0.57	0.23	0.2	1
宣威市	东山镇	0.57	0.23	0.2	1
宣威市	格宜镇	0.57	0.23	0.2	1
宣威市	海岱镇	0.57	—	0.2	0.77
宣威市	来宾镇	0.57	—	0.2	0.77
宣威市	乐丰乡	0.57	0.23	0.2	1
宣威市	龙场镇	0.57	0.23	—	0.8
宣威市	龙潭镇	0.57	0.23	0.2	1
宣威市	落水镇	0.57	—	0.2	0.77
宣威市	普立乡	0.57	0.23	0.2	1
宣威市	热水镇	0.57	—	0.2	0.77

续表

县市	乡（镇）	海拔	pH	有机质	合计
宣威市	双河乡	0.57	0.23	0.2	1
宣威市	倘塘镇	0.57	0.23	0.2	1
宣威市	田坝镇	0.57	0.23	0.2	1
宣威市	务德镇	0.57	0.23	0.2	1
宣威市	西宁街道办事处	0.57	0.23	0.2	1
宣威市	西泽乡	0.57	0.23	0.2	1
宣威市	羊场镇	0.57	—	0.2	0.77
宣威市	杨柳乡	0.57	0.23	0.2	1
师宗县	彩云镇	0.57	—	0.2	0.77
师宗县	丹凤镇	0.57	—	0.2	0.77
师宗县	葵山镇	0.57	—	0.2	0.77
师宗县	龙庆乡	0.57	—	—	0.57
师宗县	五龙乡	—	—	0.2	0.2
师宗县	雄壁镇	0.57	0.23	0.2	1
师宗县	竹基乡	0.57	—	0.2	0.77
麒麟区	茨营乡	0.57	—	0.2	0.77
麒麟区	东山镇	0.57	0.23	0.2	1
麒麟区	廖廓街道办事处	0.57	0.23	0.2	1
麒麟区	三宝镇	0.57	—	0.2	0.77
麒麟区	西城街道办事处	0.57	0.23	0.2	1
麒麟区	越州镇	0.57	0.23	0.2	1
麒麟区	珠街乡	—	—	0.2	0.2
马龙县	大庄乡	0.57	—	0.2	0.77
马龙县	旧县镇	0.57	—	0.2	0.77
马龙县	马过河镇	0.57	—	0.2	0.77
马龙县	马鸣乡	0.57	—	0.2	0.77
马龙县	纳章镇	0.57	—	0.2	0.77
马龙县	通泉镇	0.57	—	0.2	0.77
马龙县	王家庄镇	0.57	—	0.2	0.77

续表

县市	乡（镇）	海拔	pH	有机质	合计
马龙县	月望乡	—	—	0.2	0.2
罗平县	阿岗镇	0.57	0.23	0.2	1
罗平县	板桥镇	—	—	0.2	0.2
罗平县	大水井乡	0.57	—	0.2	0.77
罗平县	富乐镇	0.57	—	0.2	0.77
罗平县	九龙镇	0.57	—	0.2	0.77
罗平县	旧屋基乡	0.57	—	0.2	0.77
罗平县	老厂乡	0.57	0.23	0.2	1
罗平县	罗雄镇	—	—	0.2	0.2
罗平县	马街镇	0.57	0.23	—	0.8
罗平县	钟山乡	0.57	—	0.2	0.77
陆良县	板桥镇	0.57	—	0.2	0.77
陆良县	大莫古镇	0.57	—	0.2	0.77
陆良县	芳华镇	0.57	0.23	0.2	1
陆良县	活水乡	0.57	0.23	0.2	1
陆良县	龙海乡	—	0.23	0.2	0.43
陆良县	马街镇	0.57	—	0.2	0.77
陆良县	小百户镇	0.57	—	0.2	0.77
陆良县	召夸镇	0.57	0.23	0.2	1
陆良县	中枢镇	0.57	0.23	0.2	1
会泽县	大井镇	—	0.23	0.2	0.43
会泽县	火红乡	—	0.23	0.2	0.43
会泽县	金钟镇	—	0.23	0.2	0.43
会泽县	老厂乡	—	0.23	—	0.23
会泽县	乐业镇	0.57	—	0.2	0.77
会泽县	鲁纳乡	—	0.23	0.2	0.43
会泽县	马路乡	—	0.23	0.2	0.43
会泽县	娜姑镇	—	—	—	0
会泽县	上村乡	0.57	—	0.2	0.77

续表

县市	乡（镇）	海拔	pH	有机质	合计
会泽县	田坝乡	—	0.23	0.2	0.43
会泽县	五星乡	—	0.23	—	0.23
会泽县	迤车镇	0.57	0.23	—	0.8
会泽县	雨碌乡	—	0.23	0.2	0.43
会泽县	者海镇	—	0.23	0.2	0.43
会泽县	纸厂乡	—	0.23	0.2	0.43
富源县	大河镇	0.57	—	0.2	0.77
富源县	富村镇	0.57	0.23	—	0.8
富源县	古敢乡	0.57	0.23	0.2	1
富源县	后所镇	—	0.23	0.2	0.43
富源县	黄泥河镇	0.57	0.23	0.2	1
富源县	老厂乡	0.57	0.23	0.2	1
富源县	墨红镇	—	0.23	0.2	0.43
富源县	十八连山乡	0.57	0.23	0.2	1
富源县	营上镇	0.57	—	0.2	0.77
富源县	中安镇	0.57	0.23	0.2	1
富源县	竹园镇	0.57	0.23	—	0.8

通过统计，将烤烟化学指标为“最优”的累计权重大于0.6的乡（镇）筛选出来，将相关乡（镇）作为湖南中烟工业有限责任公司生态指标首选区（见表4–2）。

表4–2　湖南中烟工业有限责任公司烤烟生态条件首选区筛选结果

县（市）区	乡（镇）
沾益县	白水镇、大坡乡、德泽乡、菱角乡、盘江镇、西平镇
宣威市	阿都乡、宝山镇、得禄乡、东山镇、格宜镇、乐丰乡、龙潭镇、普立乡、双河乡、田坝镇、务德镇、西宁街道办事处、西泽乡、杨柳乡、龙场镇、板桥镇、海岱镇、来宾镇、落水镇、热水镇
师宗县	雄壁镇、彩云镇、丹凤镇、葵山镇、竹基乡、龙庆乡
麒麟区	东山镇、廖廓街道办事处、西城街道办事处、越州镇、茨营乡、三宝镇

续表

县（市）区	乡（镇）
马龙县	大庄乡、旧县镇、马过河镇、马鸣乡、纳章镇、王家庄镇
罗平县	阿岗镇
陆良县	活水乡、召夸镇、中枢镇、板桥镇、大莫古镇
会泽县	迤车镇、乐业镇、上村乡
富源县	古敢乡、黄泥河镇、老厂乡、十八连山乡、中安镇、富村镇、竹园镇、大河镇、营上镇

三、评吸风格首选区筛选

根据曲靖烟区烤烟化学指标空间分布图，对各乡（镇）符合“最优”标准的各评吸风格指标进行统计，并计算累计权重（略）。

通过统计，将烤烟评吸风格指标为“最优”的累计权重大于0.6的乡（镇）筛选出来，将相关乡（镇）作为湖南中烟工业有限责任公司评吸风格指标首选区（见表4–3）。

表4–3 湖南中烟烤烟评吸风格指标首选区筛选结果

县（市）区	乡（镇）
富源县	大河镇、富村镇、古敢乡、黄泥河镇、老厂乡、墨红镇、十八连山乡、营上镇、中安镇、竹园镇、后所镇
会泽县	火红乡、上村乡
陆良县	小百户镇、板桥镇、大莫古镇、芳华镇、活水乡、龙海乡、马街镇、召夸镇、中枢镇
罗平县	板桥镇、九龙镇
马龙县	大庄乡、旧县镇、马过河镇、马鸣乡、纳章镇、月望乡、通泉镇、王家庄镇
麒麟区	茨营乡、廖廓街道办事处、三宝镇、西城街道办事处、越州镇、珠街乡、东山镇
师宗县	彩云镇、丹凤镇、葵山镇、龙庆乡、五龙乡、雄壁镇、竹基乡
宣威市	阿都乡、宝山镇、得禄乡、格宜镇、来宾镇、乐丰乡、龙场镇、龙潭镇、普立乡、热水镇、双河乡、倘塘镇、田坝镇、务德镇、西宁街道办事处、西泽乡、杨柳乡、东山镇、落水镇、羊场镇、板桥镇、海岱镇
沾益县	大坡乡、德泽乡、菱角乡、盘江镇、西平镇、白水镇、播乐乡

四、感官指标首选区筛选

根据曲靖烟区烤烟感官指标空间分布图，对各乡（镇）符合“最优”标准的各感官指标进行统计，并计算累计权重（略）。

通过统计，将烤烟感官质量指标为“最优”的累计权重大于0.6的乡（镇）筛选出来，将相关乡（镇）作为湖南中烟工业有限责任公司感官质量指标首选区（见表4–4）。

表4–4 湖南中烟工业有限责任公司烤烟感官质量指标首选区筛选结果

县（市）区	乡（镇）
沾益县	白水镇、大坡乡、德泽乡、菱角乡、西平镇
师宗县	雄壁镇、彩云镇、丹凤镇、葵山镇、竹基乡、龙庆乡
麒麟区	东山镇、廖廓街道办事处、西城街道办事处、越州镇、茨营乡、三宝镇
马龙县	大庄乡、旧县镇、马过河镇、马鸣乡、纳章镇、王家庄镇、月望乡、通泉镇
罗平县	阿岗镇
陆良县	活水乡、召夸镇、中枢镇、板桥镇、大莫古镇
会泽县	迤车镇、乐业镇、上村乡
富源县	古敢乡、黄泥河镇、老厂乡、十八连山乡、中安镇、富村镇、竹园镇、大河镇、营上镇

五、化学指标首选区和储备区筛选

基于2008年和2009年的取样数据，采用克里格插值法获取曲靖烟区烤烟化学指标空间分布图。

根据曲靖烟区烤烟化学指标空间分布图，对各乡（镇）符合“最优”标准的各烤烟化学指标进行统计，并计算累计权重（略）。

通过统计，将烤烟化学指标为“最优”的累计权重大于0.6的乡（镇）筛选出来，将相关乡（镇）作为湖南中烟工业有限责任公司烤烟化学指标首选区（见表4–5）。

表4–5　湖南中烟工业有限责任公司烤烟化学指标首选区筛选结果

县（市）区	乡（镇）
沾益县	播乐乡、大坡乡、菱角乡、西平镇、炎方乡
宣威市	东山镇、阿都乡、杨柳乡、板桥镇、龙潭镇、落水镇、西泽乡
师宗县	彩云镇、丹凤镇、葵山镇、龙庆乡、雄壁镇、竹基乡
麒麟区	东山镇、茨营乡、廖廓街道办事处、三宝镇、西城街道办事处、越州镇、珠街乡
马龙县	大庄乡、旧县镇、马过河镇、马鸣乡、纳章镇、通泉镇、王家庄镇
罗平县	马街镇、钟山乡
陆良县	小百户镇、板桥镇、大莫古镇、芳华镇、活水乡、龙海乡、马街镇
富源县	大河镇、富村镇、古敢乡、黄泥河镇、墨红镇、十八连山乡、营上镇、竹园镇

根据曲靖烟区烤烟化学指标空间分布图，对各乡（镇）符合“最优”或“次优”标准的各烤烟化学指标进行统计，并计算累计权重（略）。

通过统计，将烤烟化学指标为“最优”或“次优”的累计权重大于0.8的乡（镇）筛选出来，将相关乡（镇）作为湖南中烟工业有限责任公司烤烟化学指标储备区。结果表明，所有乡（镇）均可作为湖南中烟工业有限责任公司化学指标储备区。

六、物理指标首选区和储备区筛选

基于2008年和2009年的取样数据，采用克里格插值法获取曲靖烟区烤烟物理特性空间分布图。

根据前文的评价模型将图片叠加，单从物理特性来看，曲靖烟区所有乡（镇）均可作为湖南中烟工业有限责任公司基地首选区和储备区。

七、湖南中烟工业有限责任公司“芙蓉王”品牌原料基地区域筛选

将生态条件、评吸风格、感官质量、化学指标、物理指标和外观质量首选区筛选结果进行比对，将同时满足以上指标首选区要求的乡（镇）筛选出来（同时参考湖南中烟工业有限责任公司专家意见），作为湖南中烟工业有限责任公司原料基地首选区域（见表4–6）。

表4-6 湖南中烟工业有限责任公司原料基地首选区域筛选结果

县（市）区	乡（镇）
沾益县	西平镇、大坡乡、菱角乡
宣威市	得禄乡、西泽乡、落水镇、热水镇、东山镇
马龙县	大庄乡、马鸣乡、旧县镇、马过河镇
富源县	黄泥河镇、十八连山乡、大河镇、营上镇、竹园镇
师宗县	龙庆乡、彩云镇
麒麟区	东山镇、茨营乡、越州镇

将生态条件、评吸风格、感官质量、化学指标、物理指标和外观质量储备区筛选结果进行比对，将同时满足以上指标储备区要求的乡（镇）筛选出来，作为湖南中烟工业有限责任公司原料基地储备区域（见表4-7）。

表4-7 湖南中烟工业有限责任公司原料基地储备区域筛选结果

县（市）区	乡（镇）
沾益县	炎方乡
宣威市	杨柳乡、格宜、务德镇
马龙县	纳章镇、通泉镇、王家庄镇
麒麟区	廖廓街道办事处、珠街乡、三宝镇、西城街道办事处
富源县	富村镇、墨红镇、富村镇、古敢乡

第五章　品牌导向烟叶基地配套研究

第一节　不同光照强度对烤烟品质及风格特色的影响研究

烟草是喜光植物，在大田生长发育和品质形成过程中需要充足适宜的光照。烟草生产中，光照条件可以明显改变烟草植株的生长环境，影响光合作用、营养物质的吸收和分配、体内代谢等一系列生理生化过程，进而影响烟叶的品质、产量。光能利用是烟叶生产的关键，而光照强度变化因地域性和季节性而异，不同地区光照强度不同，烟草在生长发育过程中，不同生育期常会遇到低温寡照、光照不良的天气，特别是在几个重要发育时期影响会更大，而且烟草植株本身生长高大、叶片较大，植株之间相互遮阴较大。因此，研究光在烟草生长发育和品质形成过程中的影响很重要。本书对烤烟进行不同光照强度条件下的室外控制研究，研究烤烟对光强的响应及马龙特色烟叶的形成与光强的关系，对阐明马龙高原天香烟叶物质基础的形成机理有重要意义。

一、试验材料与方法

（一）试验设计

试验于2009年4月在曲靖市马龙县旧县开展。海拔1920m。试验品种选红大（HD）和云烟87（Y87），使用遮光率为20%和40%的铝箔遮阴网，设3个光照处理：全光照（Q）、80%光照强度（T）、60%光照强度（F）。采用裂区设计法设计试验，设三次重复，即三个小区Ⅰ、Ⅱ、Ⅲ。两个品种均进行这三个光照强度处理。每个品种在三种光照处理下各栽种60株。处理于移栽期同时进行。田间示意如下：

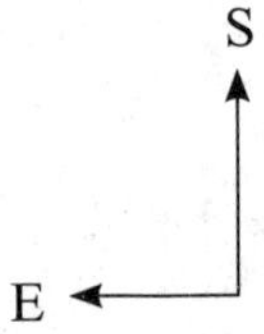

Ⅰ			Ⅱ			Ⅲ		
HD	Y87	HD	Y87	HD	Y87	HD	Y87	HD
Y87	HD	Y87	HD	Y87	HD	Y87	HD	Y87
Q	T	F	T	F	Q	F	Q	T

试验土壤前作荞麦，土质红壤，旱田。土壤pH6.1，有机质含量3.29%，碱解氮99.63mg/kg，速效磷28.83mg/kg，速效钾223.5mg/kg。烟苗育苗方式采用漂浮育苗，移栽日期4月29日。移栽前施用基肥，和农户施肥一致。施用农家肥800kg/亩、纯氮7.8kg/亩、P_2O_5kg/亩、K_2Okg/亩，其中每亩留10kg硝酸钾作追肥。基肥施肥方式为塘施。

（二）测试项目

烤烟大田期农艺性状：各生育期日期、株高、茎围、叶长、叶宽。农艺性状按照烟草行业标准农艺性状调查方法测量（YC/142—1998）。

物理指标：开片度、单叶重、叶密度、平衡含水率、含梗率、叶面积质量等。

外观质量：成熟度、发育状况、组织结构、色泽、色均度、油分、身份、光滑或微青等，评分标准见表5-1。

表5-1　烟叶外观质量评价指标及评分标准

成熟度	发育状况	组织结构	油分	色度	色均匀度	光滑或微青	身份	分值
好	营养协调，发育充分	疏松，弹性好	足	色正、饱满，光泽强	均匀，色差小，无褪色	全无	适中	10
较好	营养协调，发育较好	较疏松，弹性较好	较足	色较正、尚饱满，光泽较强	均匀，色差较小，无褪色	无	稍厚、稍薄	9
一般	营养一般，发育一般	尚疏松，有弹性	有	色欠正、略饱满，有光泽	较均匀，色差明显，无褪色	稍有	稍厚、稍薄	8
过熟	营养欠协调，发育不良	较僵硬、稍密，弹性较差	较差	色不正、欠饱满，尚有光泽	欠均匀，色差较大，略有褪色	有	厚、薄	7
欠熟	营养失调，发育较差	僵硬、紧密，弹性差	差	色不正、饱满度差，色泽暗	均匀度差，色差大，褪色	较多		5

感官质量：香气质、香气量、杂气、余味、刺激性、灰色、燃烧性、香型、浓度、劲头及烟气特征等，评价标准见表5-2。

表5-2　烟叶感官质量评价标准

评吸质量	1．香气质：好18、较好16、中等+14、中等12、中等-10、较差8、差6
	2．香气量：足20、较足18、尚足+16、尚足14、尚足-12、较少10、少8
	3．杂气：无15、较轻13、有-11、有9、有+7、较重5、重3
	4．刺激性：无18、微有16、有-14、有12、有+10、较大8、大6
	5．余味：舒适20、较舒适18、尚舒适+16、尚舒适14、尚舒适-12、不舒适10以下
	6．燃烧性：强5、较强4、中等3、较差2、差1、熄火0
	7．灰色：白色4、灰白3、灰2、黑灰1
评吸风格	8．浓度：浓5、较浓4、中等3、较淡2、淡1
	9．劲头：大5、较大4、适中3、较小2、小1
	10．香型：清香5、清-中4、中3、中-浓2、浓香1、其他0

续表

烟气特征	11. 成团性：好5、较好4、中等3、较差2、差1
	12. 干燥感：湿润5、较湿润4、中等3、较干燥2、干燥1
	13. 甜度：明显3、较明显2、不明显1
	14. 柔和性：柔和5、较柔和4、中等3、较硬朗2、硬朗1

主要化学成分：总糖（YC/T159-2002）、还原糖（YC/T159-2002）、总氮（YC/T33-1996）、蛋白质（YC/T166-2003）、烟碱（YC/T246-2008）、钾（YC/T173-2003）、氯（YC/T162-2002）、硫、糖碱比、氮碱比、钾氯比、两糖比等。

主要香气前体物：类胡萝卜素、多酚（YC/T202-2006）、非挥发性有机酸等。

二、结果与分析

（一）不同光照强度对烤烟生育期的影响

表5-3 烤烟各生育期记载表

单位：日/月

光照强度	品种	移栽期	团棵期	旺长期	现蕾期	封顶期	脚叶成熟期	顶叶成熟期	大田生育期（天）
全光照	红大	27/4	5/6	19/6	28/6	9/7	17/7	14/9	140
	云烟87	27/4	6/6	20/6	29/6	9/7	15/7	7/9	133
80%光照	红大	27/4	7/6	21/6	29/6	9/7	18/7	16/9	142
	云烟87	27/4	8/6	22/6	1/7	9/7	16/7	14/9	140
60%光照	红大	27/4	6/6	20/6	30/6	9/7	19/7	17/9	143
	云烟87	27/4	7/6	21/6	30/6	9/7	17/7	15/9	141

各处理统一移栽，由表5-3可以看出，弱光处理下，烤烟的生长势减弱，进入各生育期的日期光照强度越弱，烤烟生长势越弱。弱光会明显推迟烤烟的现

蕾期和脚叶成熟期。弱光处理的烤烟烟叶落黄较慢，因此认为烤烟在生长发育过程中接受不到充足的光照使烟叶的成熟减缓。品种之间，红花大金元对光照强度响应较之云烟87要弱，说明烤烟对光照强度的敏感程度在品种之间不同。综合光照强度对烤烟生育期的影响来看，在烤烟移栽时要做到合理密植，保证烟株接受光照充足，过大的种植密度会造成烟叶相互遮阴，延缓大田生育期，于烟叶成熟不利。

（二）不同光照强度对烤烟农艺性状的影响

由图5-1的比较可以看出，随着光照强度的减弱，烟株株高增加，茎围减小，间距增大；叶长、叶宽均增加；对叶数没有明显影响。这说明，较弱的光照会使烟株变得纤细，在一定程度上使叶片增大，有利于叶片的生长发育。

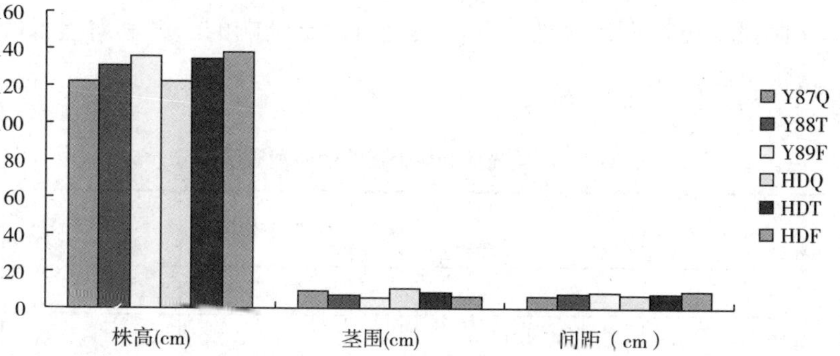

图5-1　移栽80天烤烟株高、茎围、间距比较

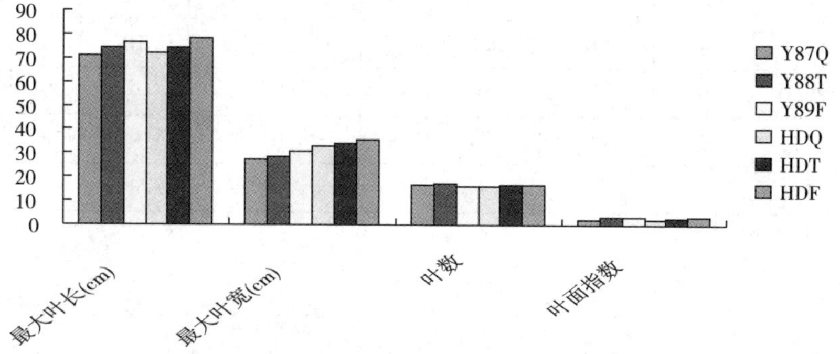

图5-2　移栽80天烤烟最大叶长、最大叶宽、叶数、叶面指数比较

（三）不同光照强度对烤烟外观质量的影响

烟叶的外观质量即烟叶外在的特征特性，是指人们感官可以做出判断的质量方面，是烟叶分级的重要依据，由烟叶的成熟度、发育状况、组织结构、油分、色泽、身份等组成。这些特征和烟叶质量密切相关，是质量划分的依据。

成熟度：品种云烟87各处理的成熟度均较好，不同处理间成熟度无明显差异；红大则各处理间上部叶、中部叶差异不明显，但随着光强的减弱，下部叶的成熟度越差。

发育状况：各处理烤烟的发育状况均较好，不同品种不同处理间存在一定的差异，以云烟87各处理来看，上部叶、中部叶都与光照强度呈现负相关的规律，下部叶则以光强最弱的处理发育状况最差。红大各处理间上部叶、中部叶发育状况表现与云烟87相似，下部叶各处理发育状况则无明显差异。因此可以认定，光照强度对烤烟叶片的发育状况是有一定影响的，尤其对上部叶和中部叶影响较为明显。

表5-4 不同光照强度处理烤烟外观质量得分

部位	样品编号	成熟度	发育状况	组织结构	油分	色泽	均匀度	光滑或微青	身份	备注
上	Y87Q	9	8.5	8.5	9.5	8	8	9	9	橘黄+
	Y87T	9	9	9	9	9	9.5	9	9.5	橘黄
	Y87F	9	10	10	9	8.5	9	9	8	橘黄
中	Y87Q	10	9	10	10	9	9	10	9	橘黄
	Y87T	10	9	10	10	10	10	10	10	橘黄
	Y87F	10	10	10	9	8.5	8.5	10	9	橘黄
下	Y87Q	9	9	9	8	8	8	9	8.5	橘黄
	Y87T	9	9	8.5	8	8	8	9	8	橘黄
	Y87F	8	8.5	7	7.5	8	8	8	7	橘黄

续表

部位	样品编号	成熟度	发育状况	组织结构	油分	色泽	均匀度	光滑或微青	身份	备注
上	HDQ	9	9	7	9.6	8	8.5	8	9	橘黄+
	HDT	8.5	9	8.5	9.5	8	8	8.5	7.5	橘黄
	HDF	8.5	10	9	9	8	7	7	7	橘黄
中	HDQ	10	9	10	10	10	9.5	10	10	橘黄
	HDT	10	9.5	10	10	9.5	9	9	8	橘黄
	HDF	10	10	10	10	8	8	8	7	橘黄
下	HDQ	9	9	9	8.3	8.5	8.5	9	8	橘黄
	HDT	8	9	9	7.5	8	8	9	7	橘黄
	HDF	7	9	8	7	7	7	8	6	橘黄

组织结构：两个品种不同处理间组织结构存在一定差异，且规律一致。上部叶随着光强的减弱组织结构相应地较好，下部叶则光强越弱组织结构越差，中部叶的组织结构最好，差异也不明显。

油分：油分在两个品种不同处理间存在一定的差异，而且都具有相同的规律，即随着光照强度的减弱，各部位烤烟的油分也相对较少。

色泽和色均匀度：不同处理烟叶的色泽和色均匀度存在一定差异，以云烟87来看，各部位烟叶的色泽和色均匀度以Y87T处理最好，其次是Y87Q处理。红大各处理间则表现出光照强度越小，色泽和色均匀度越差。

光滑或微青：以云烟87不同处理来看，上部叶、下部叶得分较低，中部叶则几乎不存在光滑或微青，各处理间差异不大。红大上、中部叶各处理间的得分与光强呈正相关，下部叶呈负相关，其中HDQ的中部叶鲜有光滑或微青。

身份：身份在两个品种不同处理间存在一定的差异。以云烟87来看，上部叶、中部叶都以80%光照强度的最好，全光照的次之；下部叶则是全光照的最好，80%光照强度的次之；无论何部位，60%光照强度的烟叶身份都稍差于其他处理。红大则上、中、下三个部位不同处理间都表现出随着光强的减弱，烟叶的身份得分也越低。

（四）不同光照强度对烤烟物理特性的影响

叶长和叶宽在两个品种不同处理间存在一定的差异，且上、中部叶表现出的规律一致，即随着光照强度的减弱，烟叶的叶长和叶宽呈现增长的趋势。云烟87不同处理下部叶随光强减弱，烟叶叶长、叶宽减少；而红大不同处理下部叶80%光照强度的烟叶叶长、叶宽最大。初烤烟中、上部叶片生长受光照强度影响呈负相关，而下部叶由于遮光过于严重，可能导致烟叶生长发育程度下降，然而不同品种对光的敏感程度也有所差异。

表5-5　不同光照强度烤烟烟叶物理特性

部位	处理	叶长（cm）	叶宽（cm）	单叶重（g）	含梗率（%）	单叶厚（μm）	含水率（%）	密度（g/cm^3）	叶面积质量（mg/cm^2）
上	Y87Q	66.50	19.80	17.00	26.47	223	15.16	0.6383	14.23
	Y87T	70.80	19.90	15.30	20.26	220	15.95	0.5374	11.82
	Y87F	72.50	20.60	11.50	26.09	261	14.33	0.4111	10.73
中	Y87Q	69.70	20.50	12.90	31.78	149	16.45	0.657	9.79
	Y87T	72.90	19.90	12.60	30.95	151	16.67	0.7297	10.98
	Y87F	80.60	21.70	15.30	30.72	196	17.29	0.5701	11.17
下	Y87Q	68.00	19.60	9.80	35.71	151	16.34	0.5788	8.71
	Y87T	58.30	18.90	7.50	37.33	168	14.87	0.5414	9.12
	Y87F	62.00	19.80	8.60	32.56	229	15.28	0.358	8.19

续表 5-5

部位	处理	叶长（cm）	叶宽（cm）	单叶重（g）	含梗率（%）	单叶厚（μm）	含水率（%）	密度（g/cm^3）	叶面积质量（mg/cm^2）
上	HDQ	54.30	18.80	15.80	21.43	233	14.55	0.6262	13.05
	HDT	67.10	19.00	13.40	27.85	221	14.91	0.4871	10.77
	HDF	69.20	21.10	12.60	33.58	208	16.28	0.4451	10.37
中	HDQ	66.30	21.20	15.00	26.67	189	15.91	0.6062	11.34
	HDT	67.90	23.40	12.10	32.23	182	14.69	0.5986	10.18
	HDF	69.60	23.60	10.90	33.03	170	17.72	0.4634	10.07
下	HDQ	58.70	17.40	9.40	30.88	187	16.17	0.5361	9.76
	HDT	61.20	22.50	6.80	32.05	123	16.74	0.4977	7.49
	HDF	58.70	19.90	7.80	31.91	151	14.63	0.501	9.47

两个品种不同处理中、上部叶单叶重和叶厚与叶长、叶宽表现趋势刚好相反，与光照强度呈正相关。下部叶则呈现之前的规律。密度和叶面积质量的表现也一样。含梗率的差异则与叶长、叶宽一致。平衡含水率在不同处理间存在一定的差异（见表5-5），无论何种品种，上、中部叶都以60%光照强度的处理含水率最高，而下部叶则表现出80%光照强度的含水率最高。

（五）不同光照强度对常规化学成分的影响

总氮和烟碱含量：如图5-3、图5-4所示，烤烟总氮和烟碱含量在各处理之间表现出差异。这种差异在两个品种间均有表现，各处理含量处于适宜范围内。总氮含量随着光照强度减弱表现出增大的趋势，这是由于较弱光照强度使烤烟生育期延长，氮代谢加强。80%光照强度的烟碱含量降低，但60%光照强度的又会有一定程度的增加。各个部位之间结果均表现出这一规律。

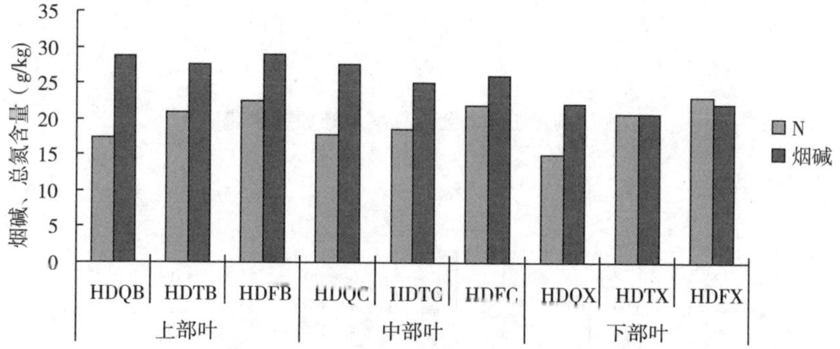

图5-3　红花大金元总氮、烟碱含量

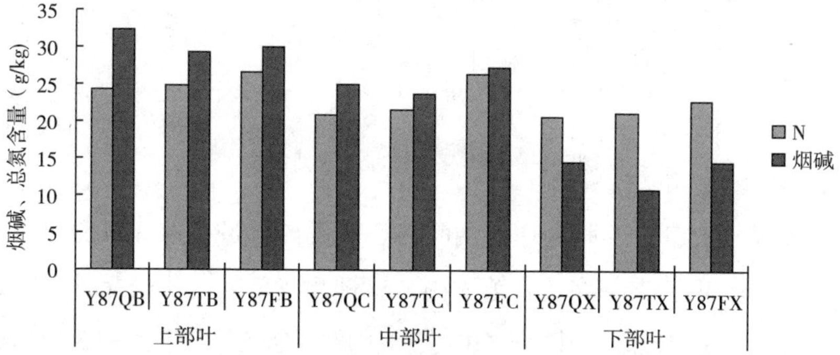

图5-4　云烟87总氮、烟碱含量

总糖和还原糖：各光照强度处理之间总糖和还原糖表现出明显规律，如图5-5至图5-6所示，60%光照强度处理的含量最小，80%光照强度处理的次之，自然全光照处理的含量最大。随着光照强度的减弱，烤烟总糖和还原糖含量至明显降低的趋势。两个品种之间这一规律表现一致。各部位处理之间也明显表现出这一规律。

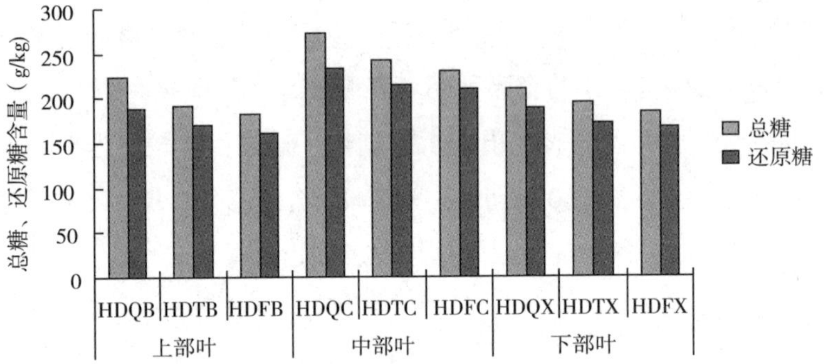

图5-5　红花大金元总糖、还原糖含量

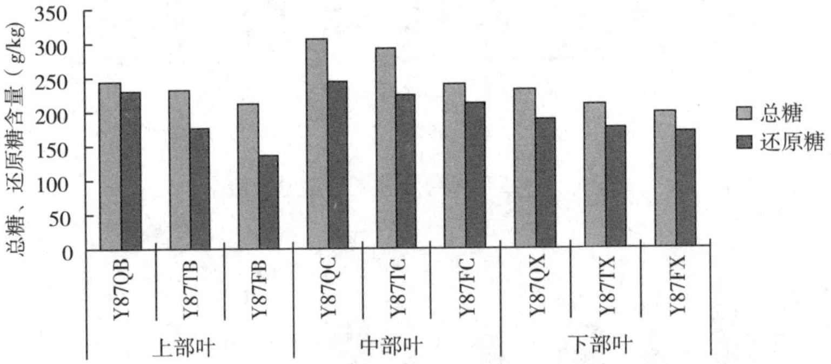

图5-6　云烟87总糖、还原糖含量

钾、氯及硫含量：不同处理的烟叶钾、氯及硫含量存在一定的差异（见图5-7至图5-12），但基本都在适宜范围内。就钾含量而言，两个品种不同处理间均以80%光照强度的最高，其次是60%光照强度，全光照强度的钾含量稍低。因此可以得出，不同光照强度对烟叶钾含量有明显的影响。另外可以初步认定，适度地遮光可以提高烟叶中钾的含量，但光照强度减少到一定量（实验处理60%光强）时，烟叶中的钾含量将不会继续上升，反而会出现一个下降的趋势。就烟叶氯含量来看，各处理、各部位比较结果表明，80%光照强度处理的氯含量最大，60%光照强度处理的次之，自然全光照处理的最小。在一定范围内减弱光照强度会使烟叶中氯含量增加。一般认为烟叶硫含量受肥料影响较大，在施肥一致的情况下，烟叶硫含量自然全光照处理的最大，80%光照强度处理的次之，60%光照处理的最小。适度减弱光照强度会减小烟叶的硫含量，但当光照强度减小到一定程度的时候，烟叶硫含量又会有一定程度的增加。品种之间，云烟87变化幅度表现得较为平缓，红花大金元这一规律更加明显。

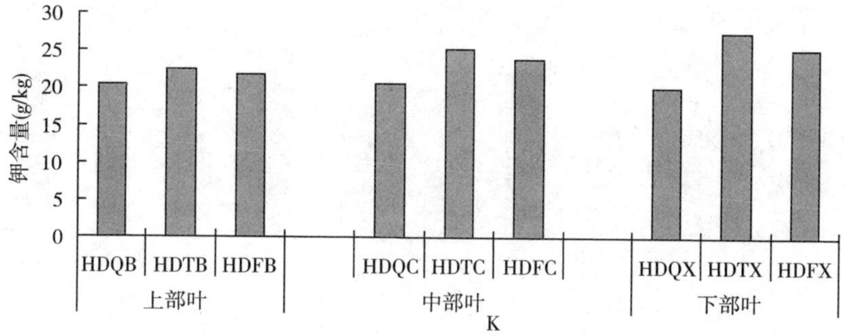

图5-7 红花大金元烟叶钾含量

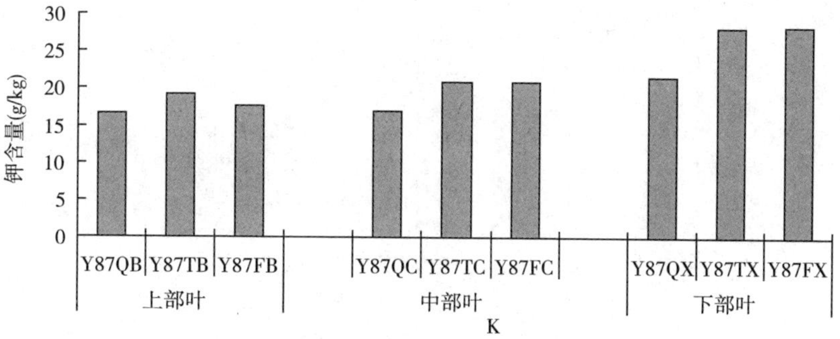

图5-8 云烟87烟叶钾含量

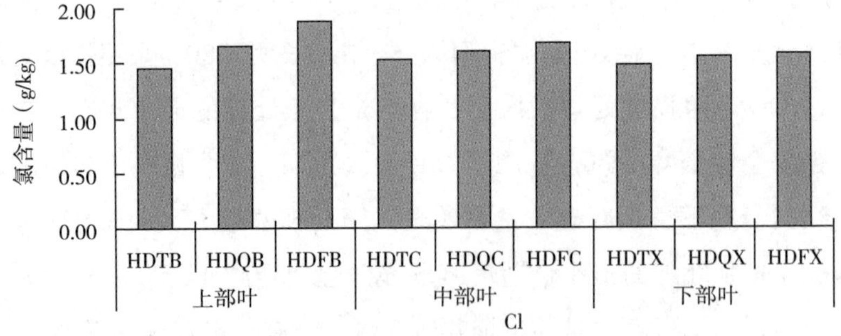

图5-9 红花大金元烟叶氯含量

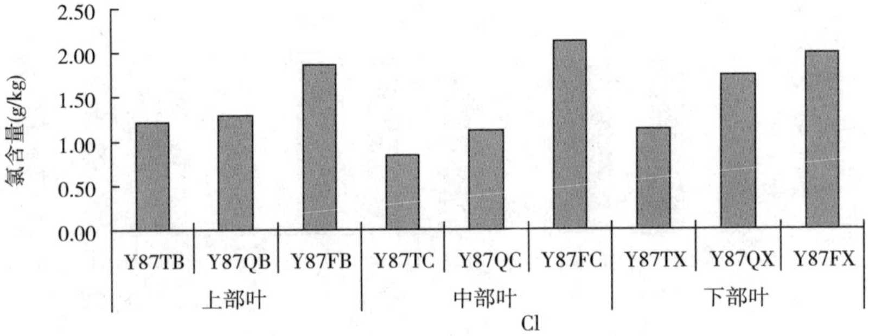

图5-10 云烟87烟叶氯含量

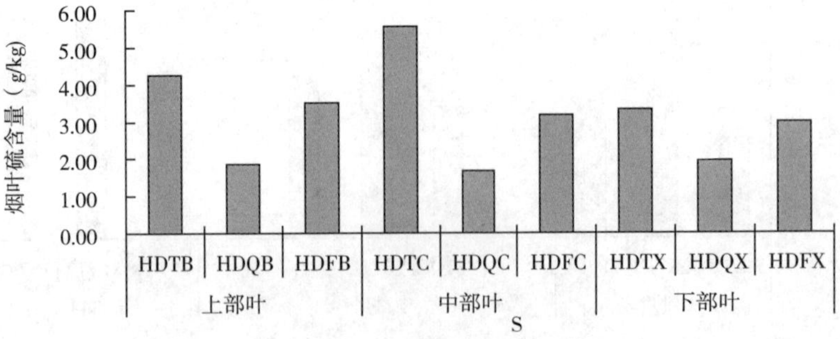

图5-11 红花大金元烟叶硫含量

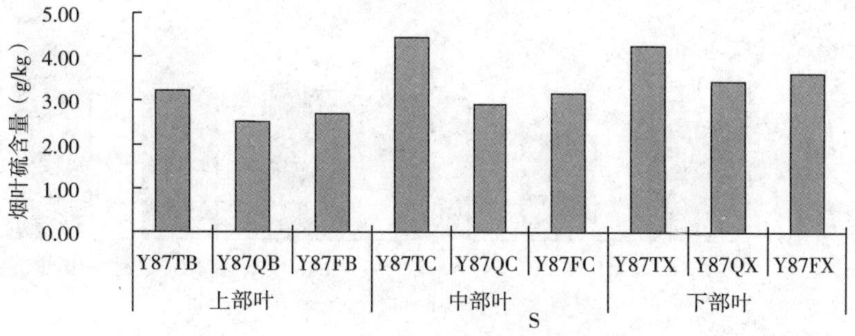

图5-12　云烟87烟叶硫含量

（六）不同光照强度对烤烟香气前体物含量的影响

多酚和类胡萝卜素：两个品种不同处理的中部烟叶多酚和类胡萝卜素含量存在一定的差异。就多酚而言（见图5-13），两个品种都表现出其烟叶中绿原酸与芸香苷的含量都随着光照强度的降低而减少。就类胡萝卜素来看（见图5-14），两个品种呈现出不同的变化规律，红大的中部叶叶黄素和β-胡萝卜素随着光强的减弱，其含量逐渐上升；而云烟87则以全光照的中部叶叶黄素和β-胡萝卜素含量最高，其次是60%光照，80%光照稍低。

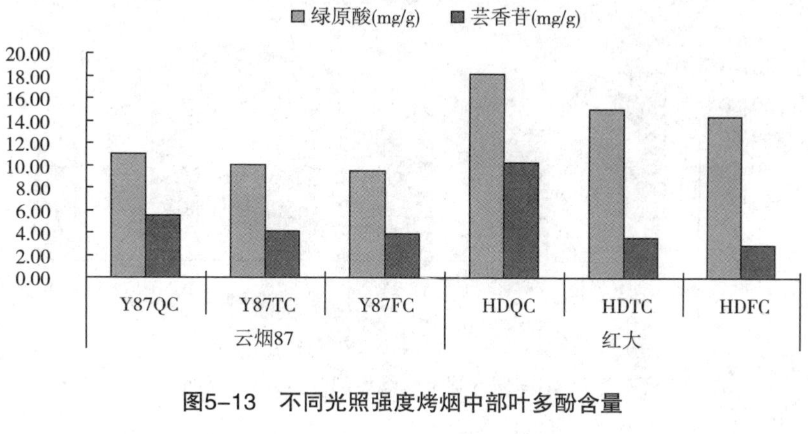

图5-13　不同光照强度烤烟中部叶多酚含量

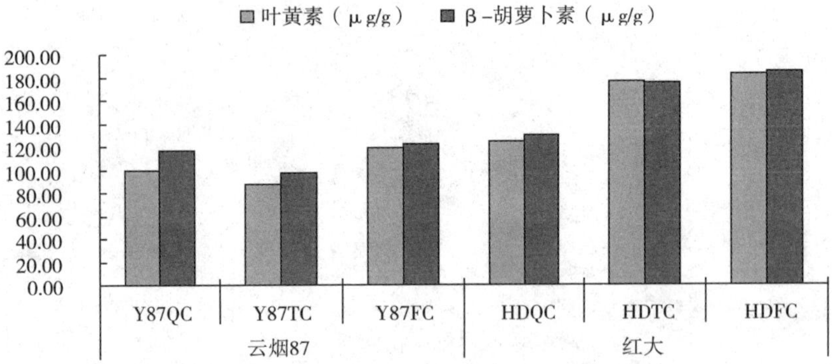

图5-14　不同光照强度烤烟中部叶类胡萝卜素含量

多元有机酸和高级脂肪酸：两个品种不同处理的中部烟叶多元有机酸和高级脂肪酸含量存在一定的差异。就多元有机酸而言，云烟87各处理中部叶随着光照强度的减弱，其含量也减少；红大各处理中部叶多元有机酸含量则是：80%光强＞60%光强＞全光照。因此可以看出，不同品种烤烟中多元有机酸含量的积累多少对光照强度的响应不同。就高级脂肪酸而言，两个品种中部叶都表现出80%光照的含量最高，云烟87为60%光照的次之，而红大则以全光照的次之。

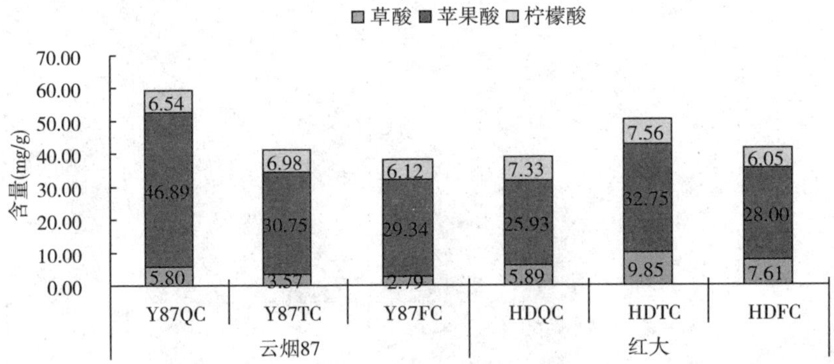

图5-15　不同光照强度烤烟中部叶多元有机酸含量

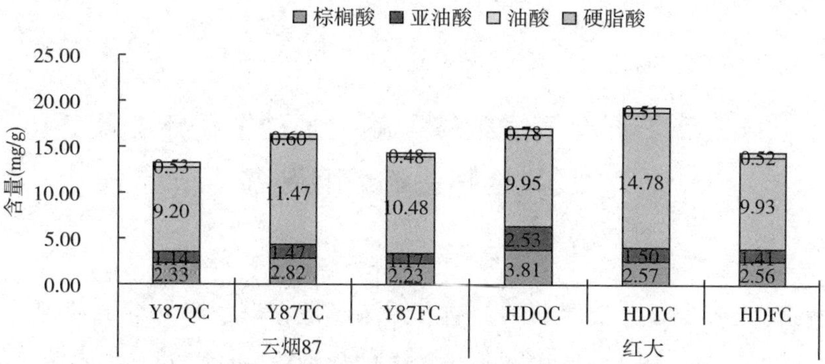

图5-16　不同光照强度烤烟中部叶高级脂肪酸含量

三、结论与讨论

一般认为，“光照和煦的条件形成的烟叶质量较好”，而在云南马龙高海拔烟区具备这样气候特点，在马龙烟区进行不同光照强度的实验结果在一定程度上表明了该区烟叶“天香”质量风格特征突出的原因。本研究主要结论如下：

（一）不同光照强度之间对比，光照强度减弱会使烤烟烟株变得纤细，叶片长宽增加，延缓烤烟生育期。初烤烟叶对比结果表明，弱光会使中、上部叶变薄、组织结构变得疏松；但下部叶由于烟叶本身遮光，叶片反而变小，结构紧密。

（二）不同光照强度处理下，弱光会使氮代谢加强，增加了烤烟叶片中总氮的累积，也会增加烟叶氯和烟叶硫的含量。烟叶钾含量会随着光照强度减弱的加深而在一定程度上先减少后增加。由于光照强度的减弱，抑制了烟株碳代谢，总糖、还原糖含量随光强减弱而减少。

（三）各处理间，烤烟香体前体物有明显差异。随光照强度减弱，烤烟多酚类物质减少，类胡萝卜素含量增加。多元有机酸在一定程度上反映出弱光会减少其含量，但品种间对光照强度响应不一，而表现出红大80%光照强度处理的最大。高级脂肪酸的结果表明适度减弱光强会增加其含量。

第二节　不同气候条件下的客土种植对烤烟品质及风格特色的影响研究

气候和土壤是农业生产的两大生态因素，是烤烟生产的重要基础，在一定程度上决定着烟叶质量的特点，影响着烤烟化学成分的变化。烟草的产量、化学品质及抽吸品质和烟叶的工业可用性与气候条件、土壤的理化性质密切相关。烤烟对气候和土壤条件的反应是相当敏感的。相同烟草品种在不同气候条件和土壤条件下种植，烟叶产量、品质及质量风格特征会发生很大变化。因此可以说，适宜的气候条件和土壤环境条件是烟草优质适产的基础。研究曲靖天香烟叶的气候及土壤成因，进一步通过合理的烟草气候种植区划及人为的手段定向改良植烟土壤的一些性状，以利于定向培育曲靖天香烟叶。

通过客土试验，研究不同土壤和气候对烤烟品质及风格的影响，初步探明土壤及气候因素对曲靖天香烟叶形成的贡献大小，进而期望为强化曲靖天香烟叶的特色风格指出合理的土壤改良方向。

一、试验材料与方法

（一）试验设计

试验于曲靖市马龙县旧县镇和罗平县罗雄镇进行。将马龙和罗平烟区（选取马龙海拔1960m的红壤烟田和罗平海拔1700m的黄壤烟田作为取土点和试验点）的植烟土壤相互置换后种植烤烟，研究在同一气候条件下不同土壤类型的养分含量动态规律，以及研究在同一气候条件下不同土壤类型对烟叶风格特色的影响。试验在两地同时进行，两地各有1个处理，1个对照。分别为处理1：在罗平的生态条件下使用马龙的土壤种植烤烟（PM）；处理2：在马龙的生态条件下使用罗平的土壤种植烤烟；对照1：在罗平的气候条件下使用罗平的土壤种植烤烟（PP）；对照2：在马龙的气候条件下使用马龙的土壤种植烤烟（MM）。重复3次。株行距为1.2m×0.6m，每个小区植烟50株左右。小区田间布置图如下：

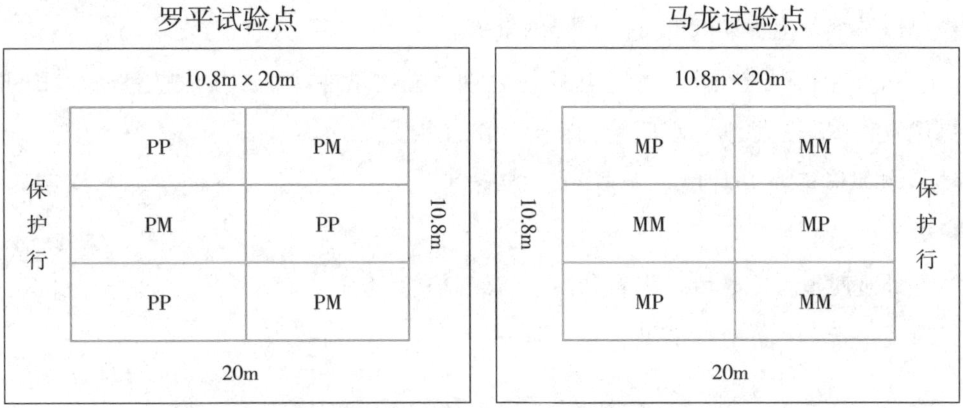

注：第一个P表示试验在罗平进行，第二个P表示试验土壤取自罗平；第一个M表示试验在马龙进行，第二个M表示试验土壤取自马龙。

马龙试验土壤前作荞麦，土质红壤，旱田。罗平试验土壤前作油菜，土质黄壤，旱田。两地土壤的土壤肥力状况见表5-6。两地均使用漂浮苗，马龙试验点移栽日期4月29日，罗平试验点移栽日期5月8日。各处理的施肥方案均和土壤来源地的施肥方案一致。详细如下：马龙土壤，移栽前施用基肥，和农户施肥一致，施用农家肥800kg/亩、纯氮N7.8kg/亩、$P_2O_5$7.8kg/亩、K_2O11kg/亩，其中每亩留10kg硝酸钾作追肥，基肥施肥方式为塘施。罗平土壤，移栽前基肥每亩施烟草专用复合肥（N:P_2O_5:K_2O=15:15:15）35kg，硝酸钾（K_2O≥50%）10kg，钙镁磷肥（P_2O≥17%）40kg，其中每亩留10kg硝酸钾作追肥。田间试验管理措施参照当地优质烟生产技术规范进行操作和管理。

表5-6　试验点土壤肥力状况

土壤来源	pH	有机质（%）	碱解氮（mg/kg）	速效磷（mg/kg）	速效钾（mg/kg）
马龙	5.45	3.54	86.96	23.17	77.3
罗平	5.88	4.61	171.76	69.88	327.3

（二）测试项目

试验点情况调查：包括试验点的海拔、经度、纬度、土壤基本情况、前茬作物以及烟草生育期间的气温和降雨量等。

综合性状观查测定记录：包括生育期、植物学性状、主要农艺性状、田间自然发病情况、原烟外观质量、主要经济性状。

物理指标：开片度、单叶重、叶密度、平衡含水率、含梗率、叶面积质量等。

外观质量：成熟度、发育状况、组织结构、色泽、色均匀度、油分、身份、光滑或微青等，评分标准见表5–7。

表5–7 烟叶外观质量评价指标及评分标准

成熟度	发育状况	组织结构	油分	色度	色均匀度	光滑或微青	身份	分值
好	营养协调，发育充分	疏松，弹性好	足	色正、饱满，光泽强	均匀，色差小，无褪色	全无	适中	10
较好	营养协调，发育较好	较疏松，弹性较好	较足	色较正、尚饱满，光泽较强	均匀，色差较小，无褪色	无	稍厚、稍薄	9
一般	营养一般，发育一般	尚疏松，有弹性	有	色欠正、略饱满，有光泽	较均匀，色差明显，无褪色	稍有	稍厚、稍薄	8
过熟	营养欠协调，发育不良	较僵硬、稍密，弹性较差	较差	色不正、欠饱满，尚有光泽	欠均匀，色差较大，略有褪色	有	厚、薄	7
欠熟	营养失调，发育较差	僵硬、紧密，弹性差	差	色不正、饱满度差，色泽暗	均匀度差，色差大，褪色	较多		5

感官质量：香气质、香气量、杂气、余味、刺激性、灰色、燃烧性、香型、浓度、劲头及烟气特征等，评价标准见表5–8。

表5-8　烟叶感官质量评价标准

评吸质量	1．香气质：好18、较好16、中等+14、中等12、中等-10、较差8、差6
	2．香气量：足20、较足18、尚足+16、尚足14、尚足-12、较少10、少8
	3．杂气：无15、较轻13、有-11、有9、有+7、较重5、重3
	4．刺激性：无18、微有16、有-14、有12、有+10、较大8、大6
	5．余味：舒适20、较舒适18、尚舒适+16、尚舒适14、尚舒适-12、不舒适10以下
	6．燃烧性：强5、较强4、中等3、较差2、差1、熄火0
	7．灰色：白色4、灰白3、灰2、黑灰1
评吸风格	8．浓度：浓5、较浓4、中等3、较淡2、淡1
	9．劲头：大5、较大4、适中3、较小2、小1
	10．香型：清香5、清-中4、中3、中-浓2、浓香1、其他0
烟气特征	11．成团性：好5、较好4、中等3、较差2、差1
	12．干燥感：湿润5、较湿润4、中等3、较干燥2、干燥1
	13．甜度：明显3、较明显2、不明显1
	14．柔和性：柔和5、较柔和4、中等3、较硬朗2、硬朗1

主要化学成分：总糖（YC/T159-2002）、还原糖（YC/T159-2002）、总氮（YC/T33-1996）、蛋白质（YC/T166-2003）、烟碱（YC/T246-2008）、钾（YC/T173-2003）、氯（YC/T162-2002）、硫、糖碱比、氮碱比、钾氯比、两糖比等。

主要香气前体物：类胡萝卜素、多酚（YC/T202-2006）、非挥发性有机酸等。

挥发性中性香气物：巨豆三烯酮（A、B、C、D）、大马酮、3-羟基大马酮、3-氧化紫罗兰醇、香叶基丙酮、二氢猕猴桃内酯、6甲基-5-庚烯-2-酮、茄酮、氧化茄酮、苯甲醛、苯甲醇、苯乙醛、苯乙醇、吲哚、糠醛、糠醇、二氢呋喃酮、乙酰基吡咯、5-甲基糠醛、2，4-庚二烯醛、4环戊烯、1，3-二酮、4-乙烯基-2-甲氧基苯酚、新植二烯等。

（三）数据分析

以欧氏距离为测度，计算各处理烟叶不同品质侧面之间的整体距离即不相似性，欧氏距离计算公式：$d_{xy}=\sqrt{\sum_{i=1}^{n}(x_i-y_i)^2}$ 。以夹角余弦作为测度，计算各处理烟叶不同品质侧面之间的相似度（相似系数），夹角余弦计算公式：$\cos\theta=\sum_{i=1}^{n}x_i y_i\Big/\sqrt{(\sum_{i=1}^{n}x_i^2)(\sum_{i=1}^{n}y_i^2)}$（$i$=1，2，…，$n$），其中$x_i$，$y_i$为不同处理烟叶的品质指标。在计算欧氏距离和夹角余弦前，先对数据进行标准化，数据标准化采用SPSS中自带的Z-Score方法。用此种方法计算出的欧氏距离d_{xy}大于等于0，数值越大表明两个样品越不相似，夹角余弦cosθ介于-1到1之间，数值越接近1表明两个样品越相似。

使用EXCEL和SPSS17.0进行作图和数据统计分析。

二、结果与分析

（一）客土种植对烤烟生长发育、产量及病害发生的影响

1．试验点气象因素的综合分析

马龙试验点：4月29日烟苗移栽后持续干旱，烟苗还苗率差，前期长势较差且不齐，前期进行了4次抗旱保苗。

罗平试验点：5月8日烟苗移栽后连续干旱天气，烟苗还苗率差，于5月17日进行补苗，烟株前期长势不齐。

2．客土种植对烤烟大田生育期的影响

对马龙试验点而言，MM及MP处理的烤烟进入前期主要生育期的时间差异不明显。罗平土壤处理烤烟现蕾时间早于马龙土壤处理，但MM处理的烤烟脚叶成熟期较MP早，不难看出，在烤烟现蕾期到脚叶成熟期这个时间段MM处理烤烟短于MP处理的烤烟。整个大田生育期，MM比MP缩短3天，分析认为是由于罗平土壤有机质含量高，使得烟叶落黄稍慢。详见表5-9。

对罗平试验点而言，各处理烟株同一天移栽，但处理PM的团棵期、旺长期时间都要晚于PP处理，说明PP处理的烟株开片、发棵情况优于PM，烟株在PP处理下能够快速生长。这是由于不同生态区来源的土壤在同一气候条件下以及同一生态区土壤在不同气候条件（光、温、水）下的养分释放效率不一样，从而使得烟株在土壤中获得的养分含量和效率有很大差异，导致烟株前期生长速度不一样。而PM处理的烟株在生长后期成熟落黄要早于PP处理，说明PM处理的

烟株由营养生长提早进入生殖生长，这是植物在漫长的进化过程中的一种自我保护机制，使得烟株能在不利于生存的逆境中繁衍下去（见表5-9）。

表5-9　主要生育期记录表

处理	移栽期（日/月）	团棵期（日/月）	旺长期（日/月）	现蕾期（日/月）	封顶期（日/月）	脚叶成熟期（日/月）	顶叶成熟期（日/月）	大田生育期（天）
MM（CK）	29/4	6/6	20/6	4/7	9/7	15/7	4/9	130
MP	29/4	6/6	19/6	2/7	9/7	17/7	7/9	133
PP（CK）	8/5	8/6	23/6	8/7	13/7	24/7	17/9	132
PM	8/5	9/6	27/6	10/7	14/7	24/7	14/9	129

总的来看，在两个试验点均是罗平土壤的大田生育期稍长于马龙土壤的生育期，这和罗平土壤的土壤肥力高于马龙土壤有关，因为高肥力土壤有利于烟株的营养生长，而肥力贫瘠则促使烟株较早地进入生殖生长。

3．不同植烟土壤对烤烟田间长势的影响

表5-10　移栽后30天农艺性状记录表

处理	株高（cm）	叶数（cm）	茎粗（cm）	最大叶长（cm）	最大叶宽（cm）
MM（CK）	11.1	9.0	–	28.3	12.6
MP	8.8	8.9	–	9.0	9.3
PP（CK）	16．43	11	–	25．65	12．00
PM	15．50	10	–	24．47	11．18

对于马龙试验点而言，尽管各处理进入生育期的时间差异不明显，但处理间烤烟长势及农艺性状的差异却十分显著。从表5-10可以看出，移栽后30天，两种土壤种植的烤烟尽管叶数基本相同，但叶面积与株高却有较大差异。MM处理的株高、叶长、叶宽都好于MP处理，分析认为可能是因为罗平土壤在搬运过程中土体结构被破坏，导致罗平土壤保水性不佳，恰逢移栽后较长时间干旱，罗平土壤出现结构性干旱，导致罗平土壤水分和养分供给不如马龙土壤，从而

烤烟生长受到影响。

对于罗平试验点而言，PP处理的烟株株高、叶片数、茎粗、最大叶长和最大叶宽都要优于PM处理。

从两个试验点综合看，罗平试验点两个处理的烟株均优于马龙试验点。

表5–11　移栽后60天农艺性状记录表

处理	株高（cm）	茎围（cm）	叶数（cm）	叶长（cm）	叶宽（cm）
MM（CK）	79.2	8.10	21.4	61.3	24.6
MP	67.2	7.66	20	62.1	27.4
PP（CK）	133.67	11.00	19.50	77.33	32.67
PM	104.83	10.62	18.33	76.17	33.25

对于马龙试验点而言，烤烟移栽后60d，各处理烤烟都进入旺长期，见表5–11，马龙土壤种植的烤烟在株高、茎围、叶数等农艺性状上表现较好，但罗平土壤种植的烤烟在叶长、叶宽上的表现明显好于马龙土壤。造成马龙土壤上烟株长势优于罗平土壤的主要原因，可能是因为土壤在搬运过程中土体结构被破坏，导致罗平土壤保水性不佳，恰逢移栽后较长时间干旱，罗平土壤出现结构性干旱，导致罗平土壤水分和养分供给不如马龙土壤，从而烤烟生长受到影响。

对于罗平试验点而言，烤烟移栽后60d，两个处理的差距更为明显，PP处理的烟株株高、叶片数、茎粗、最大叶长和最大叶宽都要优于PM处理。

从两个试验点综合来看，罗平试验点两个处理的烟株农艺性状均优于马龙试验点。可能和马龙试验点长期干旱有关。

表5–12　移栽后80天农艺性状记录表

处理	株高（cm）	茎围（cm）	叶数（cm）	叶长（cm）	叶宽（cm）
MM（CK）	132.1	9.38	21.3	77.2	25.9
MP	150.2	10.36	22.1	78.5	29.7
PP（CK）	157.57	12.67	84.00	27.67	0.30
PM	139.83	11.28	74.50	25.40	0.28

对于马龙试验点而言，烤烟移栽后80d，大部分烟株中心花开放，烤烟进行了适时封顶。封顶过后对烟株进行的农艺性状调查见表5-12，此时罗平土壤种植的烤烟各个农艺性状的指标都超过了MP处理。可能是由于这一时期雨水供应充足，水分已不是烟株生长限制因子，养分成为烟株生长的决定因素，罗平土壤养分优势得以充分体现，罗平土壤上种植的烤烟长势超过了马龙土壤。PM处理的株高、茎粗、中部叶长、中部叶宽都比PP处理要小，且差异明显。这与PM处理马龙土壤在异地（罗平）气候环境中土壤养分的释放效率降低、烟株可吸收有效态养分含量不足有直接关系。

从两个试验点综合来看，罗平试验点两个处理的烟株农艺性状均优于马龙试验点。可能与罗平试验点水热状况较好有关。

4．病虫害及抗性

MM处理烟株未发生炭疽病，其他病害均有不同程度的发生，根结线虫病发病率较高；MP处理仅发生赤星病和气候性斑点病，无其他病害；PP处理烟株仅发生气候性斑点病和炭疽病；PM未发生赤星病，其他病害均有不同程度的发生（表5-13）。

总的来看，无论是罗平试验点还是马龙试验点，均是马龙土壤上的烟株发病率较高，可能与马龙土壤中致病菌较多有关。

表5-13　病虫害及抗性调查

处理	黑胫病	赤星病	气候性斑点病	炭疽病	TMV	根结线虫病
MM（CK）	5.83	10.12	12.69	0.00	1.57	45.78
MP	0.00	13.56	16.82	0.00	0.00	0.00
PP（CK）	0.00	0.00	3.94	1.74	0.00	0.00
PM	1.30	0.00	6.03	2.97	4.28	48.28

5．经济性状

综合来看，罗平试验点的经济性状优于马龙，且两个试验点均以罗平土壤烤烟的经济性状优于马龙土壤。说明土壤肥力和生态气候条件均可以影响烤烟经济性状（见表5-14）。

表5-14 经济性状统计表

处理	亩产量（kg/亩）	亩产值（元/亩）	上等烟比例（%）
MM（CK）	130.99	1702.89	25.70
MP	131.79	1976.91	32.25
PP（CK）	166.40	2574.21	49.32
PM	136.90	1719.46	40.15

（二）客土种植对烤烟品质的影响

1. 客土种植对烤烟外观质量的影响

烟叶的外观质量即烟叶外在的特征特性，是指人们感官可以做出判断的质量方面，是烟叶分级的重要依据，由烟叶的成熟度、发育状况、组织结构、油分、色泽、身份等组成。这些特征和烟叶质量密切相关，是质量划分的依据（见表5-15）。

（1）成熟度。各处理的成熟度均较好，中上部烟叶成熟度在不同处理间无明显差异，两种土壤上下部叶成熟度以罗平气候条件下的成熟度较好，其中又以PP处理成熟度最好。

（2）发育状况。各处理烤烟的发育状况均较好，不同处理间存在一定的差异，下部叶发育状况表现为两种土壤均以罗平气候条件下的较好，两种气候条件下均以罗平土壤上的烟叶发育较好；中上部叶发育状况表现为两种土壤均以罗平气候条件下的较好，两种气候条件下均以罗平土壤上的烟叶发育较好，而且表现为马龙气候条件下罗平土壤上生长的烟叶其发育状况好于罗平气候条件下马龙土壤上生长的烟叶。因此初步认为下部烟叶发育状况与气候条件关系较大，而中上部烟叶的发育状况可能与土壤肥力状况有着更大的关系。

（3）组织结构。组织结构在不同处理间存在一定差异，上部叶以罗平生态条件下的烟叶组织结构较好，其中以PP处理最好，中部叶和下部叶以马龙生态条件下罗平土壤上烟叶的组织结构最好，其他处理间差异较小。

（4）油分。油分在不同处理间存在一定的差异，无论何种土壤均以马龙气候条件下的烟叶油分更足，以MP处理油分最好；在同样的气候条件下，罗平土壤上的烟叶油分相对较足；在同样的土壤上，马龙气候条件下的烟叶油分较足。

说明烟叶油分情况与气候条件关系较大，而土壤条件在一定程度上可以对油分产生影响。

（5）色泽和色均匀度。不同处理烟叶的色泽和色均匀度存在一定差异，中上部叶的色泽和色均匀度以MP处理最好，其次是PP、MM和PM，下部叶以PP处理最好，其余处理差异较小。

（6）光滑或微青。上部叶以PP处理得分最高，其次是MP、MM和PM，中部叶基本无微青或光滑且处理间差异较小，下、上部叶以PP处理得分最高，其余处理差异较小。

（7）身份。油分在不同处理间存在一定的差异。上部叶无论何种土壤均以罗平气候条件下部叶身份更适中，马龙气候条件下的烟叶身份稍厚，其中以PP处理身份最好；中部叶无论何种土壤均以马龙气候条件下的烟叶身份更为适中，罗平气候条件下的烟叶稍薄，在同样的气候条件下，罗平土壤上的烟叶身份较为适中，以MP处理表现最好；中部叶以PP处理身份较好，其他处理较薄但差异不明显。

表5-15　客土种植对烤烟外观质量的影响

部位	处理	成熟度	发育状况	组织结构	油分	色泽	均匀度	光滑或微青	身份	备注
上部	MM	8.5	8.8	8	9.7	8.7	8.7	8.5	8	橘黄+
	MP	8.5	9.2	8	10	9.5	9.5	8.8	8.2	橘黄+
	PP	8.5	9.5	8.8	9.5	9	9	9	8.5	橘黄
	PM	8.5	9	8.5	9	8.5	8.5	8	8.3	橘黄+
中部	MM	9	8.5	9	9.5	8.7	8.7	9	9	橘黄+
	MP	9	9.5	9.5	10	9.5	9.5	9	9.5	橘黄+
	PP	9	10	9	9	9	9	9	8.8	橘黄
	PM	9	9	9	8.5	8.5	8.5	9	8.6	橘黄
下部	MM	9	8.5	9	9	8.5	8.5	8	8	橘黄
	MP	9	9	9	9	8.5	8.5	8	8	橘黄
	PP	9.5	9.5	9.5	8.8	9	9	8.5	8.5	柠檬黄+
	PM	9.2	9.2	8.7	8.5	8.5	8.5	8	8	柠檬黄+

2．客土种植对烤烟物理特性的影响

叶长、叶宽和开片度。叶长、叶宽和开片度在不同处理间存在一定的差异（表5-16），无论何种土壤均以罗平气候条件下烟叶的叶长、叶宽更大，开片度更好，以PP处理的叶长、叶宽最大；在同样的气候条件下，罗平土壤上的烟叶叶长、叶宽相对较大，开片度较好；在同样的土壤上，罗平气候条件下的烟叶叶长、叶宽较大，开片度较好。说明烟叶叶长、叶宽情况与气候条件关系较大，而土壤条件亦可在在一定程度上影响烟叶的叶长、叶宽。

（1）单叶重。单叶重与叶长、叶宽表现出同样的趋势（见表5-16）。

（2）含梗率。含梗率在不同处理间存在一定的差异（见表5-16），无论何种土壤均以罗平气候条件下烟叶的含梗率较低，以PP处理烟叶含梗率较低；在同样的气候条件下，均以罗平土壤上的烟叶含梗率较低；在同样的土壤上，罗平气候条件下烟叶的含梗率较低。说明烟叶含梗率情况与气候条件关系较大，而土壤条件亦可在在一定程度上影响烟叶的含梗率。

（3）平衡含水率。含水率在不同处理间存在一定的差异（见表5-16），无论何种土壤均以马龙气候条件下烟叶的平衡含水率较高；在同样的气候条件下，马龙土壤上的烟叶平衡含水率较高；在同样的土壤上，马龙气候条件下烟叶的平衡含水率较高。

（4）密度和叶面积质量。烟叶密度和叶面积质量在不同处理间存在一定的差异（见表5-16），就中、上部叶而言，两种土壤均以马龙气候条件下烟叶密度和叶面积质量较大，两种气候条件下均以马龙土壤上烟叶密度和叶面积质量较大；就下部叶而言，同样的土壤以罗平气候条件下烟叶密度和叶面积质量较大，同样的气候条件下以本土上的烟叶密度和叶面积质量较大。

表5-16 客土种植对烤烟物理特性的影响

部位	处理	叶长（cm）	叶宽（cm）	开片度	单叶重（g）	含梗率（%）	含水率（%）	密度（g/cm^3）	叶面积质量（mg/cm^2）
上部	MM	56.72	15.44	27.22	12.12	28.00	17.58	0.71	13.19
	MP	63.75	18.02	28.27	13.60	27.45	16.71	0.64	11.28
	PP	76.94	22.96	29.84	16.03	21.88	14.68	0.45	8.64
	PM	68.86	20.13	29.23	14.82	23.08	14.85	0.57	10.18

续表

部位	处理	叶长（cm）	叶宽（cm）	开片度	单叶重（g）	含梗率（%）	含水率（%）	密度（g/cm^3）	叶面积质量（mg/cm^2）
中部	MM	61.11	17.01	27.84	10.80	33.33	18.40	0.59	10.39
	MP	67.07	20.97	31.27	12.18	28.00	16.67	0.51	9.41
	PP	79.49	26.66	33.54	14.49	27.52	14.45	0.45	7.27
	PM	70.21	22.61	32.21	13.30	27.69	16.22	0.50	8.38
下部	MM	48.45	16.83	34.74	5.85	37.18	15.56	0.41	6.53
	MP	50.15	18.28	36.44	6.44	34.69	15.54	0.35	5.86
	PP	57.42	22.05	38.40	8.41	30.51	14.77	0.48	6.64
	PM	52.11	19.53	37.48	7.20	30.73	15.16	0.36	7.07

进一步对不同处理烟叶的物理特性进行相似性分析，欧氏距离计算结果显示（见表5-17）气候条件相同而土壤不同的处理烟叶物理特性之间的欧氏距离小于土壤相同而气候条件不同的处理；夹角余弦计算结果显示（见表5-18），气候条件相同而土壤不同的处理烟叶物理特性之间的夹角余弦大于土壤相同而气候条件不同的处理。说明同样气候条件下的烟叶其物理特性相似度更高，即与土壤相比气候对烟叶的物理特性的影响相对较大。

表5-17　烟叶物理特性欧氏距离矩阵

处理	MM	MP	PP	PM
MM	0.000	3.146	6.298	4.162
MP	3.146	0.000	4.331	2.035
PP	6.298	4.331	0.000	2.495
PM	4.162	2.035	2.495	0.000

表5-18　烟叶物理特性夹角余弦矩阵

处理	MM	MP	PP	PM
MM	1.000	0.311	−0.900	−0.903
MP	0.311	1.000	−0.677	−0.359
PP	−0.900	−0.677	1.000	0.793
PM	−0.903	−0.359	0.793	1.000

3．客土种植对烤烟化学指标的影响

（1）客土种植对烤烟常规化学成分的影响

①总氮和烟碱含量。不同处理的烟叶总氮和烟碱含量存在一定的差异（见图5-17），但基本都在适宜范围内。两种气候条件下，罗平土壤上的烟叶总氮和烟碱含量均较高；在同样的土壤上，罗平气候条件下的烟叶总氮和烟碱含量也较高。PP和PM处理之间、MM和MP处理之间烟叶总氮和烟碱含量差异较大，而

MP和PP处理之间、MM和PM处理之间烟叶总氮和烟碱含量差异较小。说明气候条件对烟叶总氮和烟碱含量有一定的影响，但总氮和烟碱含量与土壤理化性状关系更为密切。

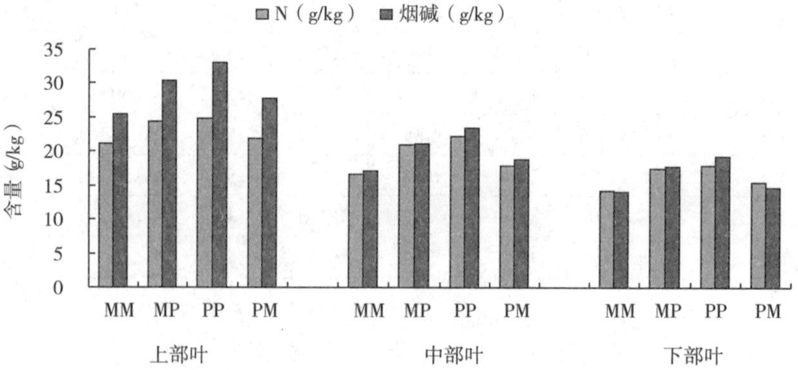

图5-17　客土种植对烤烟总氮和烟碱含量的影响

②总糖和还原糖。不同处理的烟叶总糖和还原糖含量存在一定的差异（见图5-18），但基本都在适宜范围内。马龙气候条件下的烟叶总糖和还原糖含量均高于罗平气候条件下的烟叶；在同样的土壤上，马龙气候条件下的烟叶总糖和还原糖含量也较高。PP和PM处理之间、MM和MP处理之间烟叶总糖和还原糖含量差异较小，而MP和PP处理之间、MM和PM处理之间烟叶总糖和还原糖含量差异较大。说明气候条件对烟叶总糖和还原糖含量的影响较大，土壤理化性状对烟叶总糖和还原糖也有一定的影响。

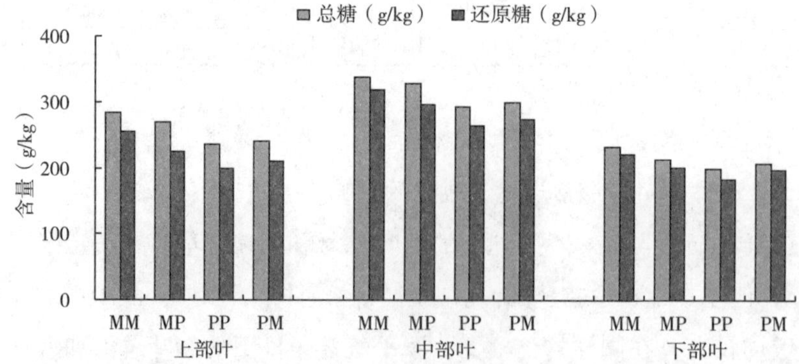

图5-18　客土种植对烤烟总糖和还原糖含量的影响

③钾、氯及硫含量。不同处理的烟叶钾、氯及硫含量存在一定的差异（见图5-19），但基本都在适宜范围内。就钾含量而言，在两种气候条件下均以罗平土壤上的烟叶钾含量较高；在同样的土壤上，罗平气候条件下的烟叶钾含量较高。MP和MM处理之间、PP和PM处理之间烟叶钾含量差异较大，MP和PP处理之间、MM和PM处理之间烟叶钾含量差异较小。说明烟叶钾含量是气候条件和土壤理化性状共同作用的结果，本研究显示土壤条件对烟叶钾含量影响较大。

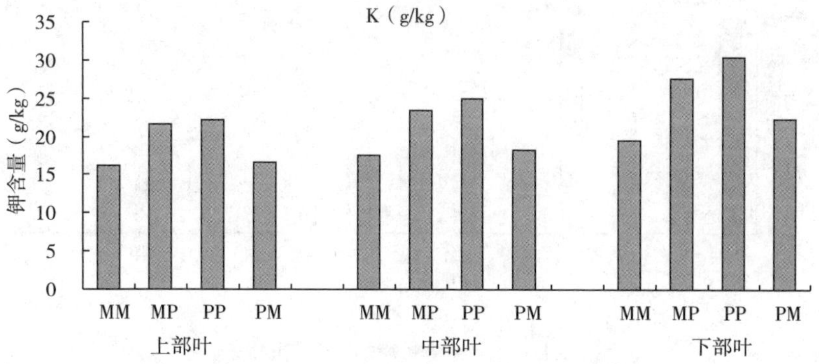

图5-19　客土种植对烤烟钾含量的影响

就氯含量而言，在两种气候条件下均以罗平土壤上的烟叶氯含量较高；在同样的土壤上，以罗平气候条件下上部叶氯含量较高，以马龙气候条件下中、下部叶氯含量较高。MP和MM处理之间、PP和PM处理之间烟叶氯含量差异较大，MP和PP处理之间、MM和PM处理之间烟叶氯含量差异较小。本研究说明烟叶氯含量同时受气候条件和土壤理化性状的影响，土壤条件对烟叶氯含量影响较大。

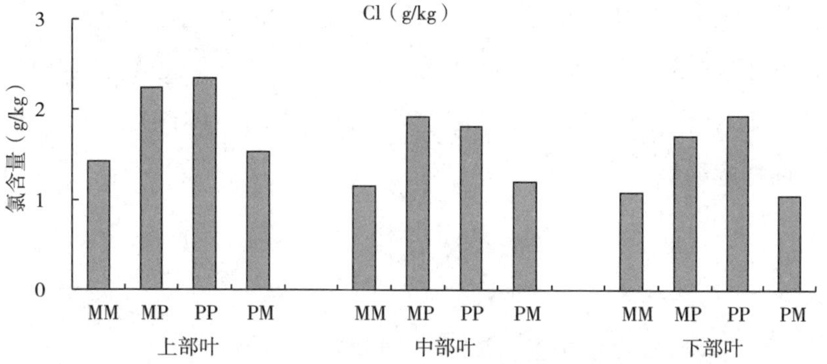

图5-20　客土种植对烤烟氯含量的影响

就硫含量而言，在两种气候条件下均以马龙土壤上的烟叶硫含量较高；在同样的土壤上，以罗平气候条件下烟叶硫含量较高。MP和MM处理之间、PP和PM处理之间烟叶硫含量差异较大，MP和PP处理之间、MM和PM处理之间烟叶硫含量差异较小。结果表明烟叶硫含量同时受气候条件和土壤理化性状的影响，土壤理化性状对烟叶硫含量影响相对较大。

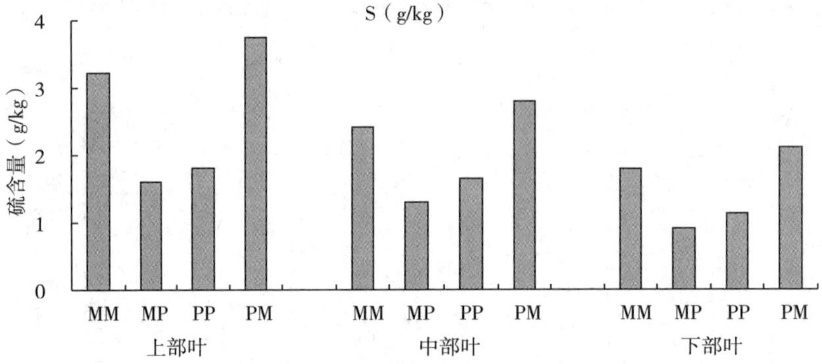

图5-21 客土种植对烤烟硫含量的影响

④化学成分派生值。不同处理的烟叶化学成分派生值存在一定的差异（见图5-22），但基本都在适宜范围内。就氮碱比和两糖比而言，不同处理间的差异较小。就糖碱比而言，两种土壤均以马龙气候条件下的糖碱比较高；在同样的气候条件下，以马龙土壤上的烟叶糖碱比较高。就有效钾指数而言，在两种气候条件下均以罗平土壤上的烟叶有效钾指数较高；在同样的土壤上，以罗平气候条件下烟叶有效钾指数略高。MP和MM处理之间、PP和PM处理之间烟叶有效钾指数差异较大，MP和PP处理之间、MM和PM处理之间烟叶有效钾指数差异较小。就烟叶钾氯比而言，不同处理间的差异较小，与马龙土壤上烟叶钾含量和氯含量均较低，而罗平土壤上烟叶钾含量和氯含量均较高有关。上部叶和下部叶表现出同样的趋势。

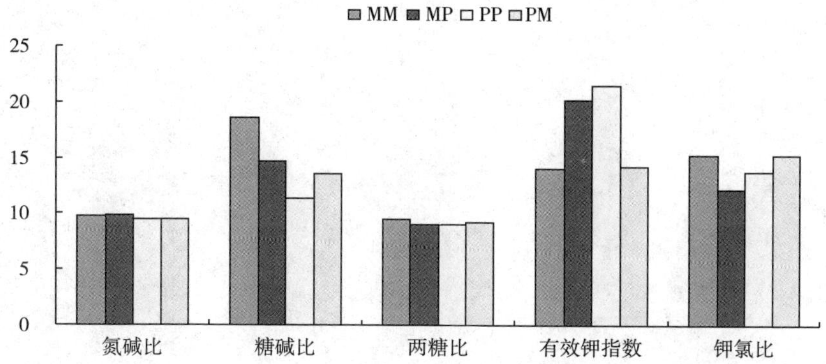

图5-22　客土种植对烤烟主要派生值的影响（中部叶）

注：为便于比较氮碱比和两糖比均放大10倍

（2）客土种植对烤烟香气前体物含量的影响

①多酚和类胡萝卜素。不同处理的烟叶多酚和类胡萝卜素含量存在一定的差异。就多酚而言（见图5-23），两种土壤均以马龙气候条件下的烟叶多酚含量较高，在同样气候条件下，不同土壤上的烟叶多酚含量差异较小，三个部位表现出同样的趋势。就类胡萝卜素而言，上部叶以PP处理类胡萝卜素含量最高，中下部叶在两种土壤上均以马龙气候条件下的烟叶类胡萝卜素含量较高，在两种气候条件下均以马龙土壤上的烟叶类胡萝卜素含量较高。

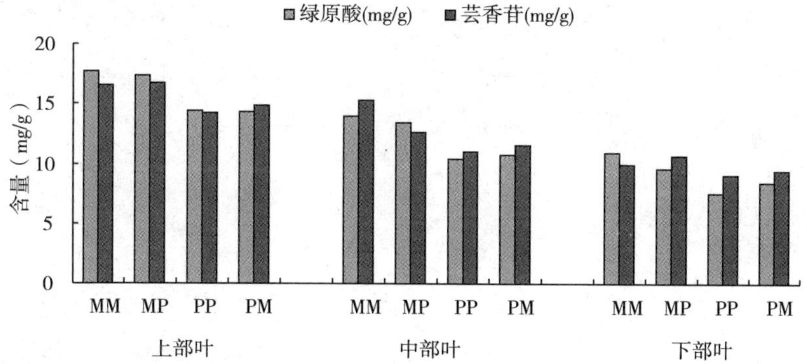

图5-23　客土种植对烤烟多酚含量的影响

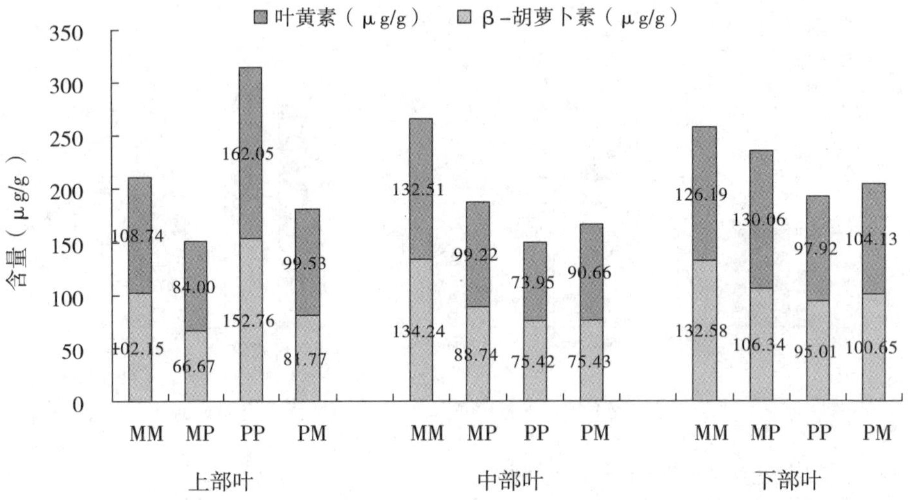

图5-24　客土种植对烤烟类胡萝卜素含量的影响

②多元有机酸和高级脂肪酸。不同处理的烟叶多元有机酸和高级脂肪酸含量存在一定的差异。就多元有机酸而言，上部叶以PP处理烟叶有机酸含量最高，PM处理烟叶有机酸含量最低；中部叶以PP处理烟叶有机酸含量最高，MP处理烟叶有机酸含量最低；下部叶以PP处理烟叶有机酸含量最高，PM处理烟叶有机酸含量最低。就高级脂肪酸而言，上部叶两种土壤均以马龙气候条件下的烟叶高级脂肪酸含量较高，但不同处理间差异较小；中部叶两种土壤均以马龙气候条件下的烟叶高级脂肪酸含量较高，马龙气候条件下两种土壤上的烟叶高级脂肪酸含量差异较小，罗平气候条件下两种土壤上的烟叶高级脂肪酸含量差异较大；下部叶两种土壤均以罗平气候条件下的烟叶高级脂肪酸含量较高，在同样的气候条件下均以罗平土壤上的烟叶高级脂肪酸含量较高。

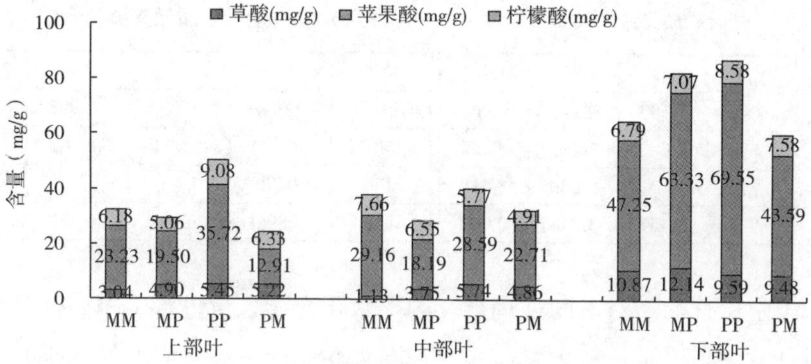

图5-25　客土种植对烤烟多元有机酸含量的影响

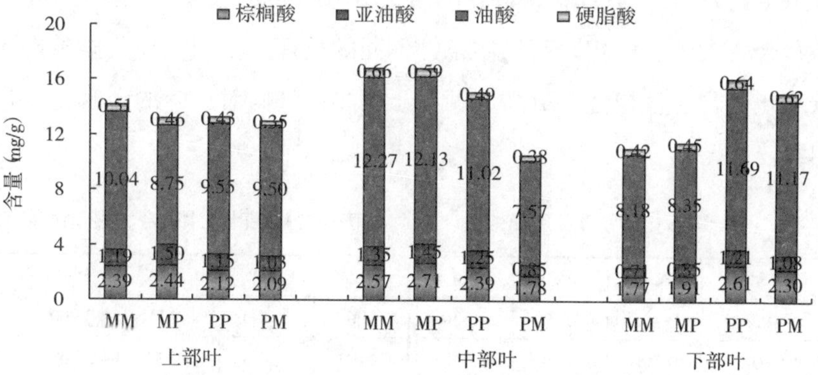

图5-26　客土种植对烤烟高级脂肪酸含量的影响

（3）不同处理烤烟化学成分相似性分析

矿质元素成分的相似性分析。对不同处理烟叶的矿质元素含量进行了相似性分析，欧氏距离计算结果显示（见表5-19），土壤相同而气候条件不同的处理烟叶矿质元素含量之间的欧氏距离小于土壤相同而气候条件不同的处理；夹角余弦计算结果显示（见表5-20），土壤相同而气候条件不同的处理烟叶矿质元素含量之间的夹角余弦大于气候条件相同而土壤不同的处理。说明同样土壤上的烟叶的矿质元素成分相似度更高，即与气候相比土壤对烟叶的矿质元素含量的影响相对较大。

表5-19 烟叶矿质元素欧氏距离矩阵

处理	MM	MP	PP	PM
MM	0.000	3.593	4.215	0.907
MP	3.593	0.000	1.401	3.459
PP	4.215	1.401	0.000	3.818
PM	0.907	3.459	3.818	0.000

表5-20 烟叶矿质元素夹角余弦矩阵

处理	MM	MP	PP	PM
MM	1.000	–0.834	–0.988	0.895
MP	–0.834	1.000	0.770	–0.978
PP	–0.988	0.770	1.000	–0.862
PM	0.895	–0.978	–0.862	1.000

①碳水化合物。对不同处理烟叶的碳水化合物含量进行了相似性分析，欧氏距离计算结果显示（见表5–21）气候条件相同而土壤不同的处理烟叶碳水化合物含量之间的欧氏距离小于土壤相同而气候条件不同的处理；夹角余弦计算结果显示（见表5–22），气候条件相同而土壤不同的处理烟叶碳水化合物含量之间的夹角余弦大于土壤相同而气候条件不同的处理。说明同样气候条件下的烟叶的碳水化合物含量相似度更高，即与土壤相比气候对烟叶的碳水化合物含量影响相对较大。

表5-21 烟叶碳水化合物欧氏距离矩阵

处理	MM	MP	PP	PM
MM	0.000	0.985	3.038	2.530
MP	0.985	0.000	2.119	1.628
PP	3.038	2.119	0.000	0.512
PM	2.530	1.628	0.512	0.000

表5-22 烟叶碳水化合物夹角余弦矩阵

处理	MM	MP	PP	PM
MM	1.000	0.933	–0.997	–0.986
MP	0.933	1.000	–0.959	–0.980
PP	–0.997	–0.959	1.000	0.996
PM	–0.986	–0.980	0.996	1.000

②含氮化合物。对不同处理烟叶的含氮化合物含量进行了相似性分析，欧氏距离计算结果显示（见表5–23），土壤相同而气候条件不同的处理烟叶含氮化合物含量之间的欧氏距离小于土壤相同而气候条件不同的处理；夹角余弦计算结果显示（见表5–24），土壤相同而气候条件不同的处理烟叶含氮化合物含量之间的夹角余弦大于气候条件相同而土壤不同的处理。说明同样土壤上的烟叶的含氮化合物成分相似度更高，即与气候相比土壤对烟叶的含氮化合物含量的影响相对较大。

表5-23　烟叶含氮化合物欧氏距离矩阵

处理	MM	MP	PP	PM
MM	0.000	2.201	3.142	0.778
MP	2.201	0.000	0.965	1.452
PP	3.142	0.965	0.000	2.374
PM	0.778	1.452	2.374	0.000

表5-24　烟叶含氮化合物夹角余弦矩阵

处理	MM	MP	PP	PM
MM	1.000	−0.974	−1.000	0.988
MP	−0.974	1.000	0.969	−0.998
PP	−1.000	0.969	1.000	−0.984
PM	0.988	−0.998	−0.984	1.000

③香气前体物相似性分析。对不同处理烟叶的香气前体物含量进行了相似性分析，欧氏距离计算结果显示（见表5-25），气候条件相同而土壤不同的处理烟叶香气前体物含量之间的欧氏距离小于土壤相同而气候条件不同的处理；夹角余弦计算结果显示（见表5-26），气候条件相同而土壤不同的处理烟叶香气前体物含量之间的夹角余弦大于土壤相同而气候条件不同的处理。说明同样气候条件下的烟叶的香气前体物含量相似度更高，即与土壤相比气候对烟叶的香气前体物含量影响相对较大。

表5-25　烟叶香气前体物欧氏距离矩阵

处理	MM	MP	PP	PM
MM	0.000	3.161	3.767	3.959
MP	3.161	0.000	3.257	3.701
PP	3.767	3.257	0.000	2.801
PM	3.959	3.701	2.801	0.000

表5-26　烟叶香气前体物夹角余弦矩阵

处理	MM	MP	PP	PM
MM	1.000	−0.048	−0.566	−0.528
MP	−0.048	1.000	−0.372	−0.545
PP	−0.566	−0.372	1.000	0.074
PM	−0.528	−0.545	0.074	1.000

三、结论与讨论

（一）客土种植对烤烟生长发育、产量及病害发生的影响

土壤是影响烤烟生产和质量的最重要生态因素之一，土壤状况对烤烟烟株生长发育、烟叶经济性状等均会产生一定的影响。

罗平土壤上烤烟前期生长较慢，长势较弱，后期加快。而马龙土壤由于肥力较低，后期长势不如罗平土壤，且生殖生长早于罗平土壤。

对于罗平试验点而言，马龙土壤上的烤烟前期生长滞后，后期生殖生长提

前；株高、叶片数、茎粗、最大叶长和最大叶宽都降低，根系生长和发育缓慢。

总的来说，两种土壤下罗平试验点的烤烟烟株长势、发病情况及经济性状均优于马龙试验点；在两个试验点，均以马龙土壤上的烤烟烟株长势、发病情况及经济性状表现较差。

（二）客土种植对烤烟质量及风格特征的影响

烟草质量和风格特征在很大程度上受生态条件、品种和人类活动的影响，据美国专家研究，生态环境、品种、栽培烘烤技术对烟叶质量的贡献率分别在56%、32%、10%左右，生态条件是决定烟叶品质最重要的影响因素。某个区域的生态条件基本上决定了该区域的烟叶的风格与品质，也基本上决定了某个烟草品种在该区域是否适合种植，优质烟产区的分布有一定的地域局限性。气候因子和土壤因子是生态因素的两个主要方面，研究不同生态条件下土壤置换对烤烟质量和风格特征的影响可以初步探明气候因子及土壤因子对烤烟质量和风格特征不同侧面的影响及程度。

研究结果表明，气候因子及土壤因子均会对烤烟质量和风格特征产生一定的影响：

1. 土壤不同、气候条件一致的烟叶物理特性相似度更高，即与土壤相比气候对烟叶的物理特性的影响相对较大；

2. 土壤不同、气候条件一致的烟叶碳水化合物、香气前体物相似度更高，即与土壤相比气候对烟叶的碳水化合物、香气前体物的影响相对较大；

3. 气候条件不同、土壤一致的烟叶含氮化合物、矿质元素相似度更高，即与气候相比土壤对烟叶的含氮化合物、矿质元素的影响相对较大。

第三节　马龙烟区烟叶感官质量与土壤主要养分关系的研究

烟叶品质是外观质量、物理特性、化学成分协调性及感官质量的综合反映，《中国烟草种植区划》中在对烟叶品质进行综合评价时，将此四部分权重依次定为0.06、0.06、0.22、0.66，烟叶感官质量权重最大。因此，将香气质、香气量、杂气、刺激性、余味、燃烧性和灰色等评吸得分之和计为感官质量总得分，研究烟叶感官质量与土壤主要养分指标的关系。

一、试验材料与方法

（一）土壤取样

2008年在曲靖市马龙县应用GPS定位技术采集土壤样品，土壤样品的采集时间选在烟草尚未施用底肥和移栽以前，以反映采样地块的真实养分状况和供肥能力，同时注意避开雨季。具体采样方法为：长方形土块采取之字形，较为方正的地块采用对角线或棋盘形采样，取耕层土壤20cm深度的土样，在同一采样单元内每8~10个点的土样构成一个0.5kg左右的混合土样。

（二）烤烟样品采集

2008年度马龙县共采集烟叶样品145份，每份样本包括3个等级，即X2F、C3F、B2F，共435个样品，覆盖马龙县8个植烟乡（镇），取样地点选择在对应的土壤取样点上（2008年种烟），具有很好的典型性和代表性。海拔高度覆盖1861~2138m；烤烟品种主要有云烟85、云烟87、云烟97、红花大金元、NC102等；前茬作物包括大麦、萝卜、小麦、绿肥、豌豆、洋芋等。

（三）测定项目与方法

1．土壤样品分析测试

从田间采来的土样经登记编号后进行预处理，经过风干、磨细、过筛后，进行土壤养分含量测定。测定方法见表5-27。

表5-27　土壤养分测定方法

分析项目	检测依据的标准（方法）名称	检测依据的标准编号（含年号）
土壤pH值	玻璃电极法	NY/T1121.2-2006
土壤全氮	开氏定氮法	GB7173-1987
土壤全磷	钼锑抗比色法	GB9837-1988
土壤全钾	火焰光度法	GB9836-1988
土壤速效氮	碱解扩散法	《土壤农化分析方法》（中国农业出版社，2006年6月）
土壤速效磷	钼锑抗比色法	GB12297-1990

分析项目	检测依据的标准（方法）名称	检测依据的标准编号（含年号）
土壤速效钾	火焰光度法	NY/T889-2004
土壤有机质	重铬酸钾氧化法	NY/T1121.6-2006
土壤有效硫	原子吸收分光光度法	NY/T1121.14-2006
土壤水溶性氯	硝酸银电位滴定法	NY/T1121.17-2006

2．烟叶感官质量

参照YC/T138-1998烟草及烟草制品感官评价方法，建立单料烟评吸质量指标及评分标准（见表5-28），由湖南中烟工业有限责任公司召集省级以上卷烟评吸专家5名对样品进行盲评，分别对香气质、香气量、杂气、刺激性、余味、燃烧性和灰色7个评吸质量指标进行打分，取其平均值，计算评吸质量总得分。

表5-28　烤烟评吸质量评价标准

香气质	香气量	杂气	刺激性	余味	燃烧性	灰色
好　18	足　20	无　15	无　18	舒适　20	强　5	白　4
较好　16	较足　18	较轻　13	微有　16	较舒适　18	较强　4	灰白　3
中等+　14	尚足+　16	有-　11	有-　14	尚舒适+　6	中等　3	灰　2
中等　12	尚足　14	有　9	有　12	尚舒适　14	较差　2	黑灰　1
中等-　10	尚足-　12	有+　7	有+　10	尚舒适-　12	差　1	
较差　8	较少　10	较重　5	较大　8	不舒适　10	熄火　0	
差　6	少　8	重　3	大　6			

二、结果与分析

（一）土壤pH、有机质含量与烟叶感官质量的关系

烟叶感官质量与土壤pH值的回归分析结果显示（见图5-28），烟叶感官质量与土壤pH值的回归方程为$y = -0.5494x^2 + 5.7047x + 60.695$（$R^2 = 0.1103$），烟叶感官质量得分与土壤pH值符合二次曲线关系。当土壤pH值为5.5~6.0时，烟叶感官质量得分出现峰值。当土壤pH值小于4.5时，随着土壤pH值的提高，烟叶感官得分增加；当土壤pH值大于6.5时，随着土壤pH值的提高，烟叶感官质量下降。

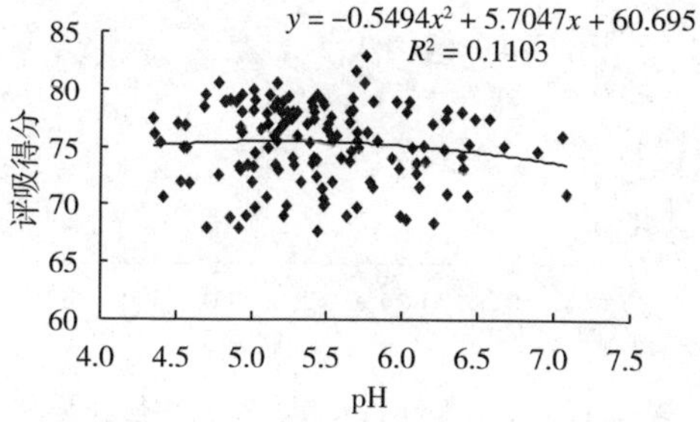

图5-28　土壤pH与感官质量的关系

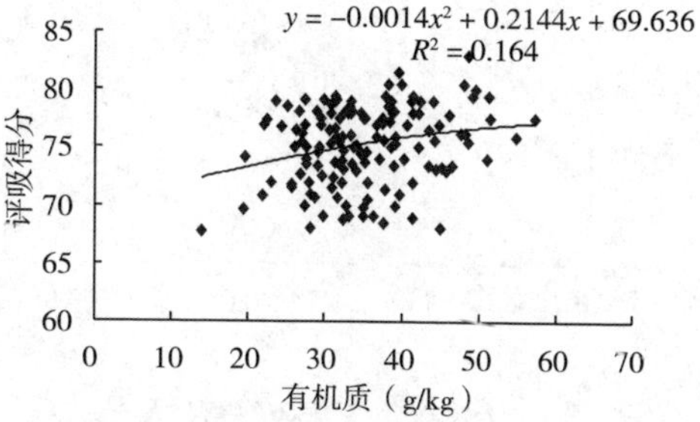

图5-29　土壤有机质含量与感官质量的关系

烟叶感官质量得分与土壤有机质的回归分析结果显示（见图5-29），烟叶感官质量得分与土壤有机质含量的回归方程为$y = -0.0014x^2 + 0.2144x + 69.636$（$R^2 = 0.164$），烟叶感官质量得分与土壤有机质含量符合二次曲线关系。当有机质含量在40~50g/kg之间时，烟叶感官质量得分出现峰值。当土壤有机质含量小于40g/kg时，随着土壤有机质含量的增加，烟叶感官得分增加；当土壤有机质含量大于50g/kg时，随着土壤有机质含量的增加，烟叶感官质量有小幅下降的趋势。这和习惯认为土壤有机质含量为20~40g/kg的适宜范围，存在一定的差异。

（二）土壤全氮及碱解氮含量与烟叶感官质量的关系

烟叶感官质量得分与土壤全氮的回归分析结果显示（见图5-30），烟叶感官质量得分与土壤全氮含量的回归方程为$y = -0.9119x^2 + 5.2543x + 69.269$（$R^2 = 0.1562$），烟叶感官质量得分与土壤全氮含量符合二次曲线关系。全氮含量在2~2.5g/kg时，烟叶感官质量得分出现峰值。当土壤全氮含量小于2g/kg时，随着土壤全氮含量的增加，烟叶感官得分增加；当土壤全氮含量大于2.5g/kg时，随着土壤全氮含量的增加，烟叶感官得分有小幅下降的趋势。

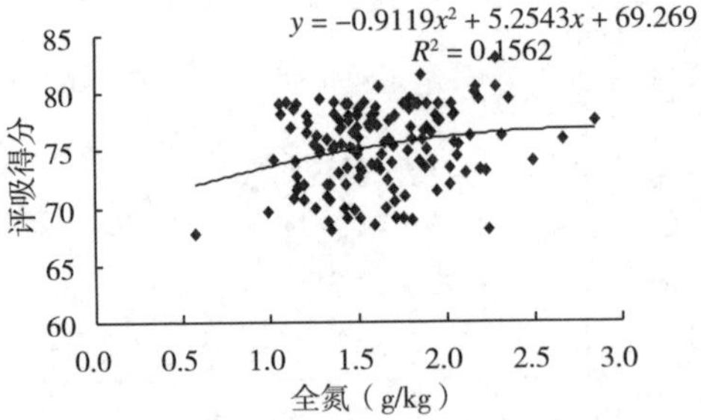

图5-30 土壤全氮含量与感官质量的关系

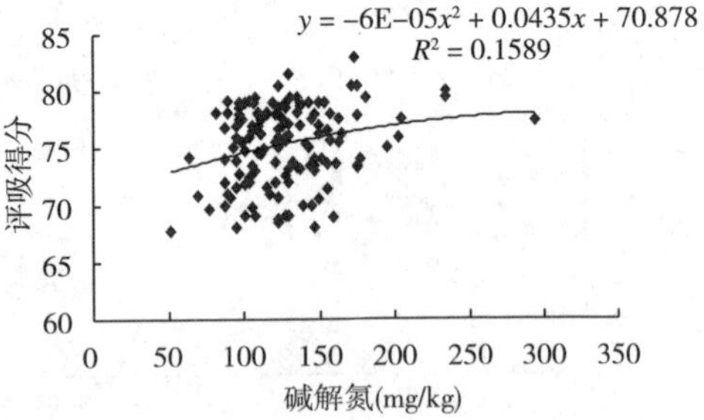

图5-31 土壤碱解氮含量与感官质量的关系

烟叶感官质量得分与土壤碱解氮含量的回归分析结果显示（见图5-31），烟叶感官质量得分与土壤碱解氮含量的回归方程为$y = -6E-05x^2 + 0.0435x + 70.878$（$R^2 = 0.1589$），烟叶感官质量得分与土壤碱解氮含量符合二次曲线关系。土壤碱解氮含量在150~200mg/kg之间时，烟叶感官得分出现峰值。当土壤碱解氮含量小于150mg/kg时，随着土壤碱解氮含量的增加，烟叶感官质量得分增加；当土壤碱解氮含量大于200mg/kg时，随着土壤碱解氮含量的增加，烟叶感官质量得分呈小幅下降的趋势。

（三）土壤全磷及速效磷含量与烟叶感官质量的关系

烟叶感官质量得分与土壤全磷含量的回归分析结果显示（见图5-32），烟叶感官质量得分与土壤全磷含量的回归方程为$y=2.3675\ln x+75.716$（$R^2 =0.1704$），烟叶感官质量得分与土壤全磷含量符合对数函数关系。全磷含量在小于1.5g/kg时，随着土壤全磷含量的增加，烟叶感官质量得分增加；当土壤全磷含量超过1.5g/kg时，随着土壤全磷含量的增加，烟叶感官质量得分增加放缓。

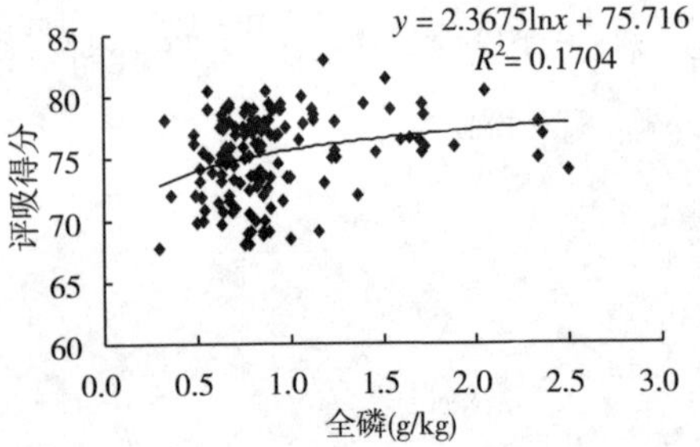

图5-32 土壤全磷含量与感官质量的关系

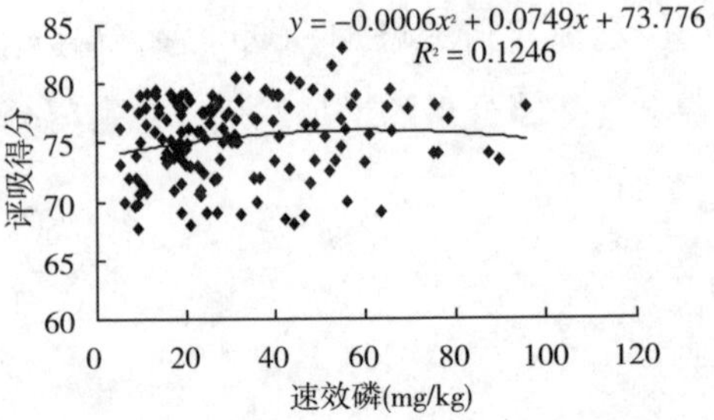

图5-33 土壤速效磷含量与感官质量的关系

烟叶感官质量得分与土壤速效磷含量的回归分析结果显示（见图5–33），烟叶感官质量得分与土壤速效磷含量的回归方程为$y = -0.0006x^2 + 0.0749x + 73.776$（$R^2 = 0.1246$），烟叶感官质量得分与土壤速效磷含量符合二次函数关系。速效磷含量在40~60mg/kg之间时，烟叶感官质量得分出现峰值。当土壤速效磷含量小于40mg/kg时，随着土壤速效磷含量的增加，烟叶感官质量得分增加；当土壤速效磷含量大于60mg/kg时，随着土壤速效磷含量的增加，烟叶感官质量呈小幅下降的趋势。

（四）土壤全钾及速效钾含量与烟叶感官质量的关系

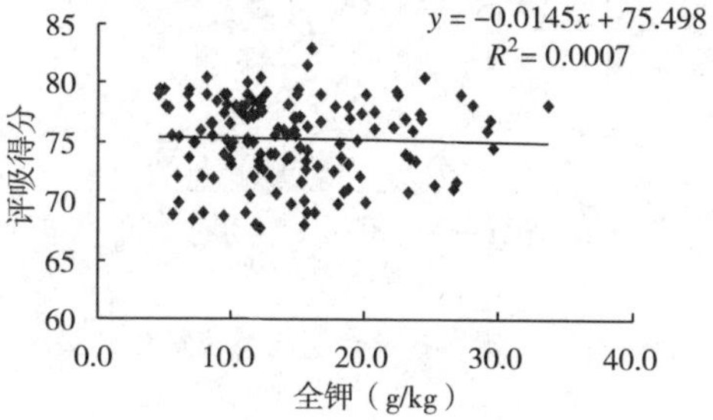

图5–34　土壤全钾含量与感官质量的关系

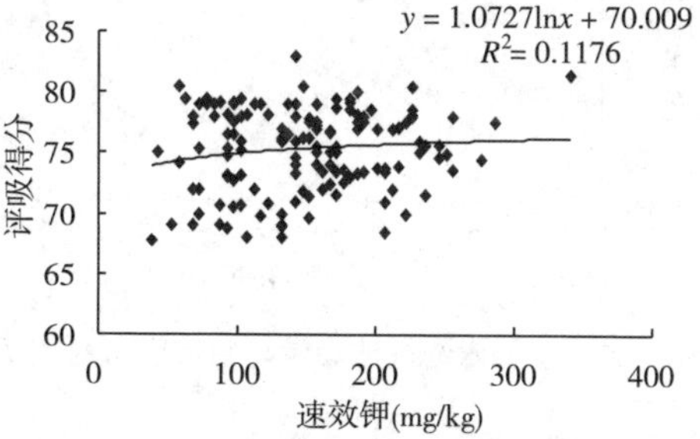

图5–35　土壤速效钾含量与感官质量的关系

烟叶感官质量与土壤全钾含量相关性较差，随着全钾含量的变化，烟叶感官质量得分变化不明显（见图5–34）。烟叶感官质量得分与土壤速效钾含量的回归分析结果显示（见图5–35），烟叶感官质量得分与土壤速效钾含量的回归方程为$y = 1.0727\ln x + 70.009$（$R^2 = 0.1176$），烟叶感官质量得分与土壤速效钾含量符合对数函数关系。土壤速效钾含量在小于100mg/kg时，随着土壤速效钾含量的增加，烟叶感官质量得分增加明显；当土壤速效钾含量超过100mg/kg时，随着土壤速效钾含量的增加，烟叶感官质量得分增加放缓。

（五）土壤水溶性氯及有效硫含量与烟叶感官质量的关系

烟叶感官质量得分与土壤水溶性氯含量的回归分析结果显示（见图5–36），烟叶感官质量得分与土壤水溶性氯含量的回归方程为$y=-0.044x+76.458$（$R^2=0.1204$），烟叶感官质量得分与土壤水溶性氯含量符合线性关系。随着土壤水溶性氯含量的增加，烟叶感官质量得分迅速下降。

烟叶感官质量得分与土壤有效硫含量的回归分析结果显示（见图5-37），烟叶感官质量得分与土壤有效硫含量的回归方程为$y=-0.0005x^2+0.0537x+74.227$（$R^2=0.0771$），烟叶感官质量得分与土壤有效硫含量符合二次曲线关系。当土壤有效硫含量低于80mg/kg时，随着土壤有效硫含量的增加，烟叶感官质量得分变化较小；当土壤有效硫含量高于80mg/kg时，随着土壤有效硫含量的增加，烟叶感官质量得分迅速降低。

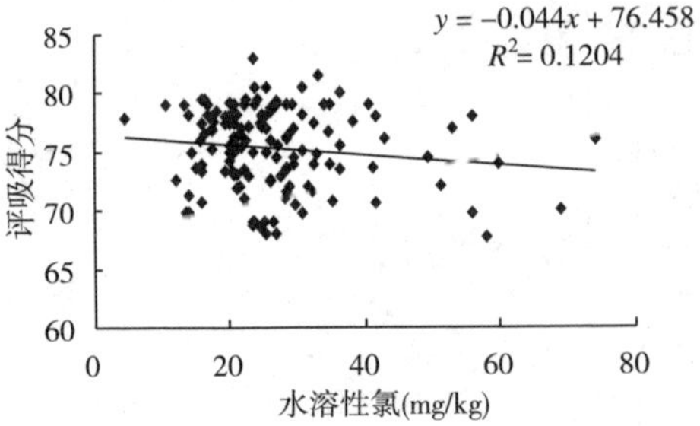

图5-36 土壤水溶性氯含量与感官质量的关系

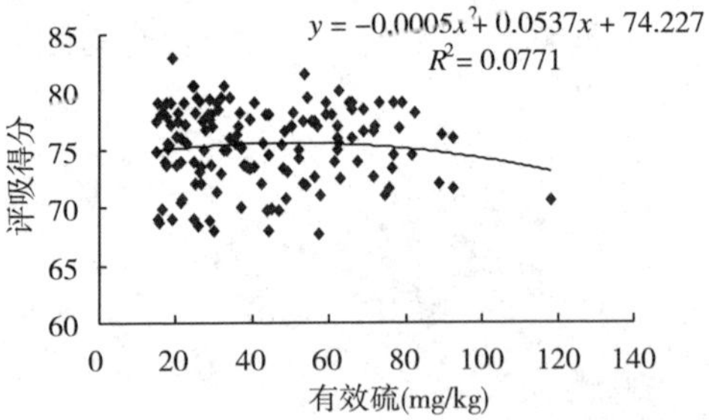

图5-37 土壤有效硫含量与感官质量的关系

三、结论与讨论

烟叶感官质量得分与土壤pH、有机质含量、全氮含量、碱解氮含量、速效磷含量、有效硫含量呈二次曲线关系；烟叶感官质量得分与土壤全磷含量、速效钾含量呈对数函数关系；烟叶感官质量得分与土壤水溶性氯含量呈线性负相关关系；烟叶感官质量得分与土壤全钾含量关系不显著。

烟叶感官质量得分和土壤指标均存在一定的关系，但决定系数R^2较小，原因在于，影响烟叶感官得分的因素较多，单个土壤养分指标对烟叶感官质量的作用都不是决定性的，只能在一定程度上影响烟叶的感官质量。如若想探明烟叶感官质量与单个土壤养分指标的关系，须进行单因素随机试验或建立多因素逐步回归分析模型。

第四节　富源烟区不同前作烤烟主要化学成分差异的研究

作物在田间完成一个生产周期后，所遗留下来的根际土壤环境称为“茬口”。前茬（前作）对后茬（后作）生产的影响大小称为“茬口效应”或“前作效应”，不同前作对后作的茬口效应是不同的。生产中，正确地选择茬口，合理地为后做选择适宜茬口或制订施肥方案，对于前后作相互衔接、扬长避短、趋利避害、取得最大经济和环境效益将是十分关键的。前人相关的研究主要集中在玉米、小麦、水稻、大豆、牧草等作物上，烤烟生产中对前作的选择则主要集中在考虑减轻烤烟的病虫害方面，而对前作如何影响烤烟的生长发育，特别是对烟叶品质和化学成分的影响的研究相对较少。鉴于此，选择云南曲靖市富源烟区常见的烤烟前作进行试验，研究不同前作烤烟主要化学成分的差异，以期为烤烟优化布局和轮作周期中前作的选择和不同前作条件下烤烟的配套生产技术研究提供参考。

一、材料与方法

（一）研究区域概况

试验地位于云南省曲靖市富源烟区，该烟区地处东经103°58′~104°49′，北纬25°~25°58′之间。境内海拔最高点墨红镇营盘山为2748.9m，最低点古敢水族乡的特土峡谷为1100m。年均气温13.8℃；年均降雨量1100mm；年均日照数1773.9h；年均无霜期为242天。该烟区植烟土壤类型以红壤为主，其次是紫色土和黄壤。

（二）定位试验及取样

对当地主要的烤烟前作进行调查，选择代表性的烤烟前作安排定位取样试验，各前作定位试验点数及样本数见表5-29。定位试验选择面积不小于4亩的红壤田块（4亩均是同一种前作，目的是便于烘烤和取样），各前作土壤肥力状况见表5-30。供试品种为云烟85。各试验点均采用漂浮育苗法培养的高茎壮苗，于2008年4月27日至4月29日统一集中移栽，株行距为60cm × 120cm，每667m²施用纯氮6.5kg，氮磷钾比例为1:1:3，烘烤使用QJ-Ⅲ型烤房（立式密集）采取三段式烘烤工艺进行。其他管理按曲靖优质烤烟生产技术规程进行。

烤烟收获时实行单收单烤，在各定位试验点取各部位代表性的烟叶，取样由相同的专职评级人员按照GB 2635-92烤烟标准进行，上部叶取B2F（上部橘黄二级），中部叶取C3F（中部橘黄三级），下部叶取X2F（下部橘黄二级），等级合格率达到85%以上。每个样品取3.0 kg用于各项指标测定。各前作取样数见表5-29。

表5-29 烤烟前作及各前作试验点数

前作	蚕豆	大麦	空闲	绿肥	豌豆	小麦	油菜	玉米	合计
试验点数	4	8	13	5	17	15	12	10	74
采集烟叶样本数	12	24	39	15	51	45	36	30	222
采集土壤样本数	4	8	13	5	17	15	12	10	74

表5-30 主要前作土壤速效养分情况

前作	pH	有机质（mg/kg）	碱解氮（mg/kg）	速效磷（mg/kg）	速效钾（mg/kg）	水溶性氯（mg/kg）
蚕豆	5.95~8.00	3.06~3.78	124.19~183.39	6.87~44.18	269.60~390.39	14.7~35.18
大麦	4.85~7.76	1.27~8.66	53.61~262.08	3.29~22.35	101.55~336.32	18.43~73.70
空闲	4.51~8.02	1.25~9.37	53.61~252.15	2.70~77.12	53.20~693.76	4.02~77.72
绿肥	4.89~7.18	2.66~9.60	95.30~206.49	5.41~37.63	88.42~324.96	3.35~55.61
豌豆	4.93~7.74	1.87~9.22	77.43~205.10	0.33~35.05	43.13~643.43	4.36~58.29
小麦	5.07~7.72	1.05~13.40	47.25~280.74	2.90~81.50	53.20~895.07	8.71~142.04
油菜	5.03~8.26	1.10~16.40	33.75~242.22	0.13~63.76	46.61~2663.89	9.38~88.78
玉米	4.95~7.43	3.00~5.17	115.16~176.70	6.27~25.13	48.16~246.41	8.04~27.47

（三）测定项目

水溶性总糖沸水浸提-铜还原-直接滴定法；总氮采用浓硫酸-双氧水消化-凯氏定氮法；烟碱采用活性炭-紫外分光光度法；钾采用乙酸提取-火焰光度法；淀粉采用HCl水解-铜还原-直接滴定法；氯采用离子色谱法测定。

（四）数据处理

获取的74份土壤数据和222份烟叶数据全部用于统计分析。采用SPSS16.0统计软件完成数据处理。

二、结果与分析

（一）不同前作烤烟主要化学成分的差异

1. 不同前作烤烟总糖含量的差异

方差分析结果显示，不同前作烤烟的总糖含量存在显著差异，但不同等级烤烟的总糖含量对前作的响应不一（sigB2F=0.044，sigC3F=0.045，sigX2F=0.035），详见表5-31。B2F等级以玉米和空闲前作烤烟的总糖含量较高，蚕豆和小麦前作烤烟的总糖含量较低，前者和后者差异达0.05的显著水平，其他前作烤烟总糖含量差异未达显著水平，总糖含量最低的是蚕豆茬烤烟；C3F等级以蚕豆茬和空闲地烤烟的总糖含量较高，豌豆茬烤烟的总糖含量最低，前后两者差异达0.05的显著水平，其他前作烤烟总糖含量差异不显著；X2F等级以蚕豆前作烤烟的总糖含量最高，大麦茬烤烟的总糖含量最低，不同前作烤烟总糖含量存在显著差异。

从各前作烤烟总糖含量的平均值来看，玉米茬烤烟总糖含量最高，大麦茬烤烟总糖含量最低。从各前作烤烟总糖含量的变异发现，玉米茬烤烟总糖含量变异最小，蚕豆茬烤烟总糖含量变异最大。

表5-31　不同前作土壤烤烟的总糖含量差异

前作	B2F	C3F	X2F	平均 ± 标准差	变异系数（%）
蚕豆	19.90 ± 4.15b	31.13 ± 4.51a	33.27 ± 2.29a	28.10 ± 7.01	24.95
大麦	22.51 ± 6.43ab	28.02 ± 6.92ab	26.30 ± 3.87b	25.61 ± 6.10	23.82
空闲	24.78 ± 5.21a	30.81 ± 4.43a	29.12 ± 5.14ab	28.24 ± 5.53	19.58
绿肥	22.43 ± 6.18ab	27.77 ± 6.21ab	27.05 ± 4.42b	25.75 ± 5.79	22.48
豌豆	23.56 ± 5.42ab	27.12 ± 5.24b	28.62 ± 3.12b	26.43 ± 5.09	19.25
小麦	21.16 ± 5.35b	28.52 ± 4.40ab	30.44 ± 3.07a	26.71 ± 5.88	22.03
油菜	24.45 ± 5.76ab	28.91 ± 5.07ab	29.58 ± 3.29a	27.67 ± 5.28	19.08
玉米	26.82 ± 3.12a	27.57 ± 3.68ab	32.06 ± 3.21a	28.82 ± 4.00	13.87

2. 不同前作土壤烤烟还原糖含量的差异

不同前作烤烟还原糖含量存在显著差异，同时不同等级烤烟对前作的响应亦存在一定差异（sigB2F=0.047，sigC3F=0.545，sigX2F=0.046），详见表5-32。B2F等级以玉米茬烤烟还原糖含量最高，蚕豆、绿肥和小麦前作的烤烟还原糖含量较低，前后两者差异达0.05的显著水平，其他前作烤烟还原糖含量居中；C3F等级不同前作烤烟的还原糖以蚕豆最高，绿肥最低，但各前作烤烟还原糖含量差异不显著；X2F以蚕豆前作烤烟还原糖含量最高，大麦和绿肥前作还原糖含量较低，前后两者差异达0.05的显著水平，其他前作烤烟还原糖含量居中，相互之间差异不显著。

就还原糖含量均值而言，还原糖含量最高的是玉米茬烤烟，最低的是绿肥茬烤烟。各前作烤烟还原糖含量存在一定的变异，蚕豆茬烤烟变异最大，玉米茬烤烟变异最小。

表5-32　不同前作烤烟还原糖含量的差异分析

前作	B2F	C3F	X2F	平均	标准差	变异系数（%）
蚕豆	14.56 ± 3.67Ab	23.45 ± 4.58Aa	23.59 ± 2.44Aa	20.53	5.52	26.88
大麦	16.77 ± 5.27Aab	21.94 ± 5.85Aa	18.14 ± 1.91Ab	18.95	5.00	26.37
空闲	17.91 ± 4.25Aab	22.77 ± 3.26Aa	20.52 ± 4.34Aab	20.40	4.43	21.72
绿肥	15.24 ± 3.56Ab	20.56 ± 5.58Aa	18.19 ± 2.33Ab	18.00	4.38	24.31
豌豆	16.37 ± 3.97Aab	20.65 ± 5.08Aa	19.65 ± 2.94Aab	18.89	4.41	23.36
小麦	15.63 ± 4.29Ab	22.34 ± 4.20Aa	21.04 ± 3.31Aab	19.67	4.86	24.69
油菜	17.92 ± 3.94Aab	22.63 ± 4.54Aa	21.41 ± 3.54Aab	20.68	4.46	21.57
玉米	19.47 ± 2.72Aa	20.80 ± 2.75Aa	21.78 ± 2.36Aab	20.69	2.70	13.07

3. 不同前作烤烟总氮含量的差异

不同前作烤烟总氮含量存在显著或极显著差异，不同等级烤烟的总氮含量对前作的响应存在一定差异（SigB2F=0.001，SigC3F=0.046，SigX2F=0.039），详见表5-33。不同前作B2F等级烤烟总氮含量间存在极显著差异，以蚕豆、绿肥和小麦茬烤烟总氮含量较高，与油菜和玉米茬烤烟相比差异达到极显著水平，其他前作烤烟总氮含量居中；C3F等级以绿肥茬烤烟总氮含量最高，与油菜茬相比，差异达0.05的显著水平，其他前作烤烟总氮含量差异不显著；X2F等级以大麦、绿肥和小麦茬烤烟的总氮含量较高，蚕豆、空闲和油菜前作的烤烟总氮含量较低，前后二者差异达0.05的显著水平，豌豆和玉米茬烤烟总氮含量居中。

就总氮含量均值而言，总氮含量最高的是绿肥茬烤烟，前作为油菜的烤烟总氮含量最低。各前作烤烟总氮含量变异以蚕豆前作最大，玉米茬烤烟总氮含量变异最小，其他前作烤烟总氮含量变异系数均在20%左右。

表5-33 不同前作烤烟总氮含量的差异

前作	B2F	C3F	X2F	平均	标准差	变异系数（%）
蚕豆	2.78 ± 0.25Aa	2.07 ± 0.36Aab	1.72 ± 0.06Ab	2.19	0.52	23.66
大麦	2.55 ± 0.47ABab	2.03 ± 0.35Aab	1.91 ± 0.21Aa	2.16	0.45	20.78
空闲	2.41 ± 0. 33 ABb	1.97 ± 0.30Aab	1.72 ± 0.26Ab	2.03	0.41	20.40
绿肥	2.74 ± 0.29Aa	2.22 ± 0.31Aa	1.90 ± 0.22Aa	2.29	0.44	19.17
豌豆	2.39 ± 0.37ABbc	2.08 ± 0.32Aab	1.78 ± 0.25Aab	2.08	0.40	19.00
小麦	2.60 ± 0.45Aab	2.05 ± 0.31Aab	1.86 ± 0.20Aa	2.17	0.46	20.98
油菜	2.23 ± 0.32Bc	1.88 ± 0.31Ab	1.63 ± 0.31Ab	1.91	0.40	20.77
玉米	2.21 ± 0.07Bc	2.02 ± 0.28Aab	1.76 ± 0.19aAb	2.00	0.27	13.34

4．不同前作烤烟烟碱含量的差异

不同前作烤烟烟碱含量存在显著差异或极显著差异，不同等级烤烟烟碱含量对前作的响应存在一定的不同（sigB2F=0.035，sigC3F=0.031，sigX2F=0.011），详见表5-34。就B2F等级而言，蚕豆茬烤烟烟碱含量最高，与除大麦、小麦和绿肥以外其他前作烤烟相比，差异达0.05的显著水平；C3F等级以绿肥茬烤烟烟碱含量最高，空闲地烤烟烟碱含量最低，前后两者差异达0.05的显著水平，其他前作烤烟烟碱含量居中，与绿肥茬烤烟相比差异不显著，但与空闲地相比差异达0.05的显著水平；X2F等级以大麦、小麦、玉米和油菜茬烤烟烟碱含量较高，以空闲地烤烟的烟碱含量最低，前者与后者差异达0.01的显著水平，烟碱含量居中的是蚕豆、绿肥和豌豆茬烤烟，与其他前作相比，烟碱含量差异未达显著水平。

从各前作烤烟的平均烟碱含量来看，烟碱含量最高的是绿肥茬烤烟，最低的是空闲地烤烟。各前作烤烟的烟碱含量变异系数都在30%以上，以绿肥茬烤烟烟碱含量变异最大，玉米茬烤烟烟碱含量变异最小。

表5-34　不同前作烤烟烟碱含量的差异

前作	B2F	C3F	X2F	平均	标准差	变异系数（%）
蚕豆	3.91 ± 0.59Aa	2.56 ± 0.64Aab	1.28 ± 0.11Aab	2.58	1.21	46.87
大麦	3.25 ± 0.69Aab	2.47 ± 0.88Aab	1.75 ± 0.69Aa	2.49	0.96	38.52
空闲	3.05 ± 0.75Ab	2.04 ± 0.66Ac	1.21 ± 0.39Ab	2.10	0.97	46.26
绿肥	3.81 ± 1.06Aab	2.99 ± 0.91Aa	1.42 ± 0.50Aab	2.74	1.30	47.30
豌豆	3.02 ± 0.59Ab	2.30 ± 0.56Aab	1.42 ± 0.43Aab	2.25	0.84	37.53
小麦	3.54 ± 0.66Aab	2.48 ± 0.59Aab	1.54 ± 0.50Aa	2.52	1.00	39.86
油菜	3.15 ± 0.66Ab	2.38 ± 0.71Aab	1.49 ± 0.50Aa	2.34	0.92	39.35
玉米	3.08 ± 0.36Ab	2.45 ± 0.55Aab	1.59 ± 0.27Aa	2.37	0.74	31.16

5．不同前作烤烟钾含量的差异

不同前作烤烟的钾含量存在显著或极显著差异，不同等级烤烟钾含量对前作的响应不一（sigB2F=0.013，sigC3F=0.004，sigX2F=0.000），详见表5-35。B2F等级以玉米茬烤烟钾含量最低，与其他前作烤烟相比差异达0.05的显著水平，其他前作烤烟钾含量差异不显著；C3F等级以空闲地和小麦茬烤烟钾含量较高，与玉米茬及油菜茬相比差异分别达0.01和0.05的显著水平，其他前作烤烟钾含量差异不显著；不同前作X2F等级烤烟差异达到显著或极显著水平，钾含量最高的是绿肥茬烤烟，最低的是玉米茬烤烟，居中的大麦、空闲、豌豆、油菜和小麦茬烤烟的钾含量显著或极显著高于玉米茬烤烟，与蚕豆茬烤烟无显著差异。

从各前作的平均钾含量来看，蚕豆、空闲、绿肥和小麦茬烤烟钾含量较高，玉米茬烤烟钾含量最低。各前作烤烟钾含量均存在一定的变异，蚕豆茬烤烟钾含量变异最小，玉米茬烤烟钾含量变异最大。

表5-35 不同前作烤烟钾含量的差异

前作	B2F	C3F	X2F	平均	标准差	变异系数（%）
蚕豆	1.76 ± 0.08a	1.65 ± 0.24ABab	1.72 ± 0.14ABab	1.71	0.16	9.23
大麦	1.48 ± 0.11a	1.58 ± 0.15ABab	1.87 ± 0.36Aab	1.64	0.28	16.88
空闲	1.57 ± 0.26a	1.67 ± 0.22Aa	1.88 ± 0.42Aa	1.71	0.34	19.66
绿肥	1.60 ± 0.15a	1.57 ± 0.21ABab	2.03 ± 0.16Aa	1.73	0.27	15.60
豌豆	1.54 ± 0.36a	1.55 ± 0.34ABab	1.76 ± 0.35Aab	1.61	0.36	22.11
小麦	1.70 ± 0.20a	1.66 ± 0.19Aab	1.77 ± 0.29Aab	1.71	0.23	13.49
油菜	1.56 ± 0.30a	1.54 ± 0.23ABb	1.66 ± 0.40ABb	1.59	0.32	19.90
玉米	1.27 ± 0.30b	1.29 ± 0.40Bc	1.26 ± 0.39Bc	1.27	0.35	27.80

6. 不同前作烤烟氯含量的差异

总的来说，8个前作烤烟氯含量均偏低，大多数样品氯含量在0.2%以下。方差分析显示，不同前作烤烟氯含量存在显著或极显著差异，不同等级烤烟的氯含量对前作的响应程度不一（sigB2F=0.009，sigC3F=0.040，sigX2F=0.032），详见表5-36。B2F等级以蚕豆茬烤烟氯含量最高，以玉米茬烤烟氯含量最低，前后两者差异达极显著水平，其他前作烤烟氯含量居中；C3F等级以大麦茬烤烟氯含量最高，以玉米茬烤烟氯含量最低，前后两者差异达极显著水平，其他前作烤烟氯含量居中；X2F等级以油菜茬烤烟氯含量最高，以玉米茬烤烟氯含量最低，前后两者差异达极显著水平，其他前作烤烟氯含量居中。

从不同前作烤烟氯含量均值来看，大麦茬烤烟氯含量最高，玉米茬烤烟氯含量最低。不同前作烤烟氯含量变异大小有所不同，玉米茬烤烟氯含量变异最小，大麦茬烤烟氯含量变异最大。

表5-36　不同前作烤烟氯含量的差异

前作	B2F	C3F	X2F	平均	标准差	变异系数（%）
蚕豆	0.21 ± 0.06Aa	0.09 ± 0.03ab	0.08 ± 0.03b	0.13	0.07	56.22
大麦	0.09 ± 0.02bc	0.28 ± 0.52a	0.11 ± 0.07b	0.16	0.31	191.74
空闲	0.12 ± 0.07b	0.13 ± 0.13ab	0.15 ± 0.11b	0.13	0.11	80.37
绿肥	0.17 ± 0.09ab	0.12 ± 0.05ab	0.15 ± 0.04b	0.14	0.06	42.31
豌豆	0.09 ± 0.04bc	0.18 ± 0.39ab	0.09 ± 0.03b	0.12	0.23	187.13
小麦	0.12 ± 0.05b	0.18 ± 0.35ab	0.10 ± 0.04b	0.14	0.20	148.25
油菜	0.14 ± 0.13ab	0.08 ± 0.02b	0.22 ± 0.25a	0.15	0.17	115.68
玉米	0.06 ± 0.02Bc	0.06 ± 0.01b	0.07 ± 0.03b	0.06	0.02	35.28

7. 不同前作烤烟淀粉含量的差异

各前作烤烟的淀粉含量都在适宜范围内，见表5-37。方差分析结果显示，不同前作烤烟淀粉含量存在显著差异，不同等级烤烟的淀粉含量对前作的响应程度不一（sigB2F=0.021，sigC3F=0.033，sigX2F=0.043）。B2F等级以油菜茬烤烟淀粉含量最高，蚕豆、绿肥和小麦茬烤烟淀粉含量较低，前者和后者的差异达显著水平，其他前作烤烟淀粉含量居中，与其他前作烤烟淀粉含量相比差异不显著；C3F等级以油菜茬烤烟淀粉含量最高，以小麦茬烤烟淀粉含量最低，前后两者差异达0.05的显著水平，其他前作烤烟淀粉含量居中，且差异不显著；X2F等级以蚕豆和油菜前作烤烟淀粉含量较高，大麦和绿肥前作烤烟淀粉含量较低，前者与后者差异达0.05的显著水平，其他前作烤烟淀粉含量居中（差异不显著）。

从不同前作烤烟淀粉含量的均值来看，油菜茬烤烟淀粉含量最高，绿肥茬烤烟淀粉含量最低。各前作烤烟淀粉含量均存在较大的变异，大麦茬烤烟淀粉含量变异最大，玉米茬烤烟淀粉含量变异最小。

表5-37 不同前作烤烟淀粉含量的差异

前作	B2F	C3F	X2F	平均	标准差	变异系数（%）
蚕豆	1.37 ± 0.52b	2.56 ± 2.47ab	3.47 ± 1.15a	2.47	1.71	69.23
大麦	2.44 ± 2.76ab	2.17 ± 1.03ab	2.18 ± 2.11b	2.26	2.00	88.52
空闲	2.09 ± 0.95ab	2.89 ± 1.45ab	2.71 ± 1.13ab	2.56	1.24	48.28
绿肥	1.36 ± 0.53b	2.26 ± 0.92ab	2.02 ± 1.18b	1.88	0.94	49.74
豌豆	2.24 ± 1.42ab	2.39 ± 1.71ab	2.64 ± 1.50ab	2.43	1.53	62.96
小麦	1.66 ± 1.07b	2.13 ± 1.30b	2.58 ± 1.21ab	2.13	1.23	57.83
油菜	2.62 ± 1.21a	3.22 ± 1.50a	3.19 ± 1.33a	3.01	1.36	45.22
玉米	2.35 ± 0.52ab	2.28 ± 1.14ab	3.01 ± 1.16ab	2.55	1.01	39.54

（二）不同前作烤烟化学成分协调性的比较

通常认为氮碱地在1左右为宜，若此值小于0.5~0.6，通常是烟碱含量过高。从3个等级分别来看，不同前作烤烟的氮碱比存在显著差异，不同等级烤烟氮碱比对前作的响应程度不一，详见表5-38。B2F等级所有前作烤烟的氮碱比均在适宜范围内，以蚕豆和油菜前作烤烟的氮碱比较小，与空闲地烤烟相比差异达0.05的显著水平；C3F等级所有前作烤烟的氮碱比均在适宜范围内，以空闲地烤烟氮碱比最高，除与豌豆茬烤烟相比差异不显著外，与其他前作烤烟相比达0.05的显著水平；不同前作X2F等级烤烟氮碱比均有不同程度的偏高，其中以空闲地烤烟氮碱比最高（达1.51），大麦、油菜和玉米前作烤烟氮碱比较低，前后两者差异达0.05的显著水平，但两者与其他前作相比差异不显著。

从各前作烤烟氮碱比平均值来看，各前作烤烟氮碱比均在1左右，基本处在适宜范围。各前作烤烟氮碱比存在不同程度的变异，绿肥前作变异最大，玉米前作变异最小。

表5-38　不同前作烤烟氮碱比的差异

前作	B2F	C3F	X2F	平均	标准差	变异系数（%）
蚕豆	0.72 ± 0.08b	0.82 ± 0.09b	1.35 ± 0.09ab	0.96	0.30	30.99
大麦	0.80 ± 0.16ab	0.88 ± 0.23b	1.23 ± 0.45b	0.97	0.35	35.81
空闲	0.82 ± 0.17a	1.01 ± 0.19a	1.51 ± 0.37a	1.11	0.39	34.80
绿肥	0.76 ± 0.18ab	0.79 ± 0.22b	1.47 ± 0.48ab	1.00	0.45	44.93
豌豆	0.80 ± 0.11ab	0.92 ± 0.13ab	1.34 ± 0.38ab	1.02	0.33	32.55
小麦	0.75 ± 0.16ab	0.85 ± 0.15b	1.29 ± 0.28ab	0.96	0.31	32.12
油菜	0.72 ± 0.09b	0.83 ± 0.15b	1.15 ± 0.25b	0.90	0.25	27.85
玉米	0.73 ± 0.10ab	0.85 ± 0.15b	1.13 ± 0.12b	0.90	0.21	22.95

糖碱比是衡量烟叶吸味优劣、刺激性大小的一个指标，一般来讲，该比值接近10的烟叶为好。比值过大，两种成分不协调，表现为香气平淡、劲头不足，比值过小表现为劲头大、香气粗糙、刺激性大，并具有较强的苦味。三个等级分别比较来看，不同前作烤烟的氮碱比存在显著或极显著差异，不同等级烤烟对前作的响应也有所不同（sigB2F=0.048，sigC3F=0.000，sigX2F=0.001），详见表5-39。B2F等级烤烟糖碱比普遍偏低，其中以蚕豆前作烤烟糖碱比最低，仅为3.79，最高的空闲和玉米前作的烤烟，也仅为6.39；C3F等级除绿肥前作烤烟糖碱比略偏低和空闲地烤烟糖碱比略偏高外，其他前作烤烟糖碱比均在10左右；X2F等级烤烟的糖碱比普遍偏高，以前作为蚕豆的烤烟糖碱比最高，达18.65，最低的大麦前作的烤烟的糖碱比亦达11.97。

从各前作糖碱化平均值来看，空闲地烤烟糖碱比偏高，其他前作均在10左右。各前作烤烟糖碱比存在较大的变异，变异系数最小的是前作为玉米的烤烟（42.22%），变异系数最大的是前作为绿肥的烤烟（72.94%）。

表5-39 不同前作烤烟糖碱比的差异

前作	B2F	C3F	X2F	平均	标准差	变异系数（%）
蚕豆	3.79 ± 1.07Ab	10.22 ± 5.67Aab	18.65 ± 3.37Aa	10.88	7.25	66.63
大麦	5.77 ± 3.61Aab	10.53 ± 5.33Aab	11.97 ± 5.15Ab	9.42	5.30	56.20
空闲	6.39 ± 2.70Aa	12.36 ± 4.35Aa	18.43 ± 6.79Aa	12.39	6.94	55.98
绿肥	4.50 ± 2.32Ab	7.78 ± 3.90Ab	14.86 ± 7.61Aab	9.05	6.52	72.04
豌豆	5.81 ± 2.51Aab	9.81 ± 4.39Ab	15.15 ± 5.05Aab	10.26	5.59	54.52
小麦	4.70 ± 2.26Ab	9.98 ± 4.63Aab	15.16 ± 5.64Aab	9.95	6.10	61.32
油菜	6.15 ± 2.44Aab	10.76 ± 4.58Aab	16.03 ± 6.03Aab	10.98	6.07	55.26
玉米	6.39 ± 1.06Aab	9.08 ± 3.28Ab	14.14 ± 3.10Ab	9.87	4.17	42.22

表5-40 不同前作烤烟钾氯比的差异

前作	B2F	C3F	X2F	平均	标准差	变异系数（%）
蚕豆	9.09 ± 2.44Ac	18.53 ± 3.76Aa	23.76 ± 7.56Aa	17.13	7.83	45.71
大麦	18.36 ± 5.54Aab	17.99 ± 10.77Aa	20.32 ± 6.88Aa	18.89	7.76	41.06
空闲	15.95 ± 7.06Abc	20.80 ± 10.46Aa	17.85 ± 7.76Aab	18.20	8.73	47.97
绿肥	11.56 ± 5.26Abc	15.70 ± 6.74Aa	14.65 ± 4.42Ab	13.97	5.46	39.08
豌豆	19.31 ± 7.30Aab	19.57 ± 7.92Aa	20.10 ± 4.06Aa	19.66	6.52	33.17
小麦	15.77 ± 5.87Abc	19.21 ± 8.47Aa	18.79 ± 5.93Aab	17.92	6.88	38.40
油菜	16.35 ± 8.89Ab	20.35 ± 6.36Aa	15.16 ± 10.89Ab	17.32	9.05	52.24
玉米	23.53 ± 5.13Aa	22.07 ± 6.78Aa	19.43 ± 6.55Aab	21.67	6.22	28.72

钾氯比和烟叶的燃烧性密切相关，一般认为8以上为宜。不同前作烤烟钾氯比存在显著差异，不同等级各前作差异有所不同，但各前作烤烟钾氯比均较高，处于适宜范围（表5-40）。从各前作烤烟钾氯比的平均值来看，以玉米茬烤烟钾氯比最大，高达21.67，最小的是绿肥茬烤烟，其钾氯比亦达13.97。不同前作烤烟钾氯比均存在一定的变异，以空闲地烤烟钾氯比变异系数最大，以玉米前作烤烟钾氯比变异系数最小。

（三）不同前作烤烟赋值得分的差异

为了对不同前作烤烟的化学成分做进一步的评价和比较，参照邓小华的方法对烤烟主要化学成分进行了赋值，赋值结果见表5-41。从还原糖赋值得分来看，最高的是玉米茬烤烟（75.00），最低的是大麦茬烤烟（53.13）；从总氮赋值得分来看，最高的是玉米茬烤烟（88.33），最低的是油菜茬烤烟（76.33）；从烟碱赋值得分来看，各前作烤烟得分均较低，最高的是玉米茬烤烟（58.17），最低的是蚕豆茬烤烟（33.33）；从淀粉赋值得分来看，各前作烤烟得分均较高（90以上），最高的是绿肥茬烤烟，高达99.67，最低的蚕豆茬烤烟，亦高达91.25；从钾含量赋值得分来看，各前作烤烟得分均很低，最低的是玉米茬烤烟，仅为31.00，最高的绿肥茬烤烟也仅为51.00；从各前作氮碱比赋值得分来看，各前作得分均低于70，最低的是蚕豆茬烤烟，仅为55.00，玉米茬烤烟得分最高，亦仅为69.33；从各前作烤烟糖碱比得分来看，所有前作烤烟的得分均很低，最高的玉米茬烤烟得分为60.67，最低的蚕豆茬烤烟得分仅为33.33；从各前作烤烟钾氯比赋值得分来看，所有前作烤烟的得分均十分高，最高的达100（玉米），最低的亦达93.48（油菜）；从赋值总分来看，玉米茬烤烟得分最高（579.17），最低的是蚕豆茬烤烟（489.17），蚕豆茬烤烟较低的烟碱得分、氮碱比得分及氮碱比得分是其总得分较低的主要原因。

表5-41 不同前作烤烟主要化学成分指标赋值得分的差异

前作	还原糖	总氮	烟碱	钾	淀粉	氮碱比	糖碱比	钾氯比	总得分
蚕豆	55.42	77.50	33.33	45.83	91.25	55.00	33.33	97.50	489.17Bc
大麦	53.13	82.29	48.33	45.83	92.08	60.42	42.21	95.42	519.71ABbc
空闲	61.41	80.96	47.98	49.04	95.03	60.99	39.55	96.19	531.16ABb
绿肥	57.00	85.00	46.67	51.00	99.67	58.33	49.33	97.67	544.67ABab
豌豆	62.35	84.31	56.47	45.39	92.84	68.63	49.54	97.65	557.19ABab
小麦	60.02	83.19	51.82	46.76	94.31	63.08	47.10	97.71	543.99ABbc
油菜	60.38	76.33	53.48	43.35	92.03	65.76	43.49	93.48	528.30ABbc
玉米	75.00	88.33	58.17	31.00	96.67	69.33	60.67	100.00	579.17Aa

（四）不同前作烤烟化学成分与部分土壤肥力指标的相关性

表5-42 B2F烤烟化学成分与土壤养分的相关性分析

指标	pH	有机质	碱解氮（N）	速效磷（P）	速效钾（K）	氯
总糖	-0.144	-0.258*	-0.144	-0.188	-0.154	-0.003
还原糖	-0.128	-0.264*	-0.150	-0.224	-0.138	-0.036
总氮	0.052	0.317*	0.189	0.182	-0.013	-0.012
烟碱	0.111	0.264*	0.067	0.119	0.079	-0.062
烟叶钾	0.127	-0.033	-0.124	0.002	0.042	0.137
氯含量	-0.001	-0.032	-0.047	-0.050	-0.046	0.120
淀粉	-0.120	-0.336*	-0.234	-0.228	-0.082	0.003
氮碱比	-0.116	0.058	0.174	0.019	-0.083	0.081
糖碱比	-0.141	-0.302*	-0.158	-0.210	-0.098	0.020
钾氯比	0.001	-0.086	-0.072	0.000	-0.003	-0.046

表5-43 C3F烤烟化学成分与土壤养分的相关性分析

指标	pH	有机质	碱解氮（N）	速效磷（P）	速效钾（K）	氯
总糖	0.058	-0.223	-0.013	0.037	-0.118	0.126
还原糖	0.044	-0.232	-0.101	0.006	-0.127	0.032
总氮	-0.061	0.202	0.117	0.003	0.091	-0.066
烟碱	0.043	0.262*	0.019	-0.004	0.129	-0.046
烟叶钾	0.094	-0.109	-0.071	0.052	0.071	0.034
氯含量	-0.100	-0.055	0.114	-0.051	0.005	0.227
淀粉	0.038	-0.197	-0.056	0.015	-0.067	0.222
氮碱比	-0.100	-0.196	0.083	0.017	-0.083	0.085
糖碱比	0.006	-0.240*	-0.041	0.040	-0.074	0.117
钾氯比	0.112	0.018	-0.071	0.043	-0.028	-0.132

表5-44　X2F烤烟化学成分与土壤养分的相关性分析

指标	pH	有机质	碱解氮（N）	速效磷（P）	速效钾（K）	氯
总糖	0.046	–0.056	–0.129	–0.204	0.073	0.066
还原糖	–0.035	–0.112	–0.188	–0.164	0.068	–0.013
总氮	–0.027	0.184	0.163	0.217	0.176	0.220
烟碱	0.055	0.265*	0.060	0.011	0.024	0.170
烟叶钾	0.064	–0.056	0.053	0.012	–0.071	–0.012
氯含量	–0.081	–0.095	–0.046	0.021	–0.179	–0.104
淀粉	–0.024	–0.162	–0.199	–0.212	0.013	0.015
氮碱比	–0.114	–0.109	0.049	0.178	0.070	–0.085
糖碱比	–0.050	–0.183	–0.123	–0.079	0.027	–0.106
钾氯比	0.135	0.023	–0.004	–0.088	0.243	0.108

土壤肥力是造成不同前作烤烟化学成分差异形成的重要因素之一，烤烟化学成分与部分土壤养分含量的相关性分析的结果见表5–42~表5–44，土壤有机质与三个等级烟叶烟碱和总氮含量呈显著正相关（表5–42）；与B2F烤烟的总糖、还原糖、淀粉及糖碱比呈显著负相关，与C3F及X2F烤烟相应指标的相关性也呈现相同趋势，其中C3F及X2F烟碱含量与有机质呈显著正相关，其他指标与土壤指标相关性未达显著水平。其他土壤养分指标与烤烟化学成分均存在一定的相关性，但未达显著水平。结合前文对烤烟化学成分分析的结果，发现土壤速效养分与烤烟化学成分存在一定的相关性，但并不十分明显，可见前作对烤烟化学成分的影响并非简单地由土壤速效养分造成。

三、结论与讨论

本研究结果显示，烤烟主要化学成分及协调性指标在不同前作间存在显著或极显著差异，不同等级烤烟对前作的响应存在差异。曲靖富源地区，不同前作对烤烟化学成分的影响表现为：

（一）不同前作烤烟的主要化学成分及部分品质指标存在显著或极显著差异；

（二）在几个不同前作中，玉米茬烤烟除钾含量和氯含量偏低外，其他各项化学指标均较为适宜，除钾含量以外的各项化学指标的变异也较小，同时玉米茬烤烟除钾含量以外的其他化学成分及指标赋值得分亦较高；

（三）从赋值总分来看，玉米茬烤烟得分最高（579.17），最低的是蚕豆茬烤烟（489.17），居中的依次是豌豆、绿肥、小麦、空闲、油菜和大麦茬烤烟。土壤速效养分与烤烟化学成分相关性较小。

前作对土壤的影响是多方面的，而又十分复杂的。不同作物的养分吸收特性、根系分泌物、残体遗留及腐解差异巨大，因而会对遗留的土壤生物、化学及物理性状产生较大的影响。而烤烟化学成分也会因为前作的土壤理化及生物性状的不同而显现出一定的差异。前文的分析结果表明前茬作物速效养分的差异仅是造成不同前作烤烟化学差异的部分因素，不同前作烤烟化学成分的差异是多种前作造成的土壤生物、化学及物理性状差异共同作用的结果。

简单从试验数据的分析结果来看，在曲靖富源烟区玉米是烤烟较好的前作，蚕豆作为烤烟前作表现较差，不宜作为烤烟前作，其他前作表现居中。然而深入分析发现，在本研究不同的前作条件下，烤烟施肥水平以及其他管理措施是基本一致的，并未针对不同的前作采取差异化的生产技术措施，不同前作烤烟化学成分的差异仅是在现行统一的生产技术措施下产生的。目前生产上采取的统一的施肥技术及其他生产技术措施，或许并不适合所有的前作，难以最大限度地发挥不同前作的烤烟生产及烟叶品质潜力，在这种情况下，笼统地评价不同前作适宜与否显得欠为妥当。因而探明不同前作的茬口特性，针对其不同特性研究不同前作下烤烟最适生产技术措施，对不同前作下烤烟生产实行差异化管理显得尤为必要，这将有利于发挥不同前作下烤烟生产潜力及烟叶品质潜力。

本研究存在一定的不足：首先，研究仅基于2008年一年定位试验的数据，未做多年的重复；其次，未对相应田块土壤做长年的跟踪调查和定位监测；再者由于各试验点除前作不同以外，其他条件亦存在一定的差异，因此研究得出的仅是一个初步的结论，欠缺之处将在以后的研究中加以弥补和完善。

第五节　烤烟钾肥基追比及根部追钾时期对烤烟品质的影响研究

一、材料与方法

（一）试验地点

试验设在陆良县召夸镇果河村。试验点海拔2026.1米，东经103.75°~58.38°，北纬24.84°~68.8°，前作玉米，土质红壤，旱地。试验地灌排方便，轮作良好，肥力水平中等，供试土壤的基本农化性状见表5–46。

表5–45　供试土壤的基本农化性状

有机质 O M（g/kg）	pH	全氮 Total N（g/kg）	碱解氮 Alkalihydrolyze N（mg/kg）	速效磷 Available P（mg/kg）	速效钾 Available K（mg/kg）
30.56	6.10	1.35	86.25	31.05	105.26

表5–46　试验处理表

A因素（钾肥基追比）	B因素（灌根追钾时期）	处理组合
70%基肥+30%追肥	1次灌根（15~25d）	A1B1
	1次灌根（15~25d）+1次现蕾期灌根（2次各半）	A1B2
	1次灌根（15~25d）+1次打顶当天灌根（2次各半）	A1B3
60%基肥+40%追肥	1次灌根（15~25d）	A2B1
	1次灌根（15~25d）+1次现蕾期灌根（2次各半）	A2B2
	1次灌根（15~25d）+1次打顶当天灌根（2次各半）	A2B3
50%基肥+50%追肥	1次灌根（15~25d）	A3B1
	1次灌根（15~25d）+1次现蕾期灌根（2次各半）	A3B2
	1次灌根（15~25d）+1次打顶当天灌根（2次各半）	A3B3
CK		

（二）试验设计

供试品种为K326，于2012年4月28日移栽。肥料种类：烟草专用复合肥（$N:P_2O_5:K_2O$=15:10:10），硫酸钾（K_2O≈51%）。试验地每公顷栽烟15000株，每株烟施肥量与当地常规水平一致，其施肥量为40g烟草专用复合肥+20g硫酸钾，不同处理间烟株施钾总量相等，分别采取不同的基追比和追钾时期进行追钾，3个基追比设：70%基肥+30%追肥，60%基肥+40%追肥，50%基肥+50%追肥；3个追钾时期设：1次灌根（15~25d），1次灌根（15~25d）+1次现蕾期灌根（2次各半），1次灌根（15~25d）+1次打顶当天灌根（2次各半），其他栽培管理措施同当地条件一致。生产过程中严格控制成熟采收，取生长正常一致的烤烟，按“三段式”烘烤工艺科学合理地烘烤，不同部位烟叶按B2F、C3F、X2F严格选取，每个样品取3.0 kg。试验处理见表2-2。

（三）测定指标及方法

1．测定指标

农艺性状：株高、叶数、茎围、最大叶长、最大叶宽等。

经济性状：亩产量、亩产值、级指、产指、上等烟比例等。

物理指标：叶长、叶宽、开片度、单叶重、叶密度、平衡含水率、含梗率、叶面积质量等。

外观质量：成熟度、发育状况、组织结构、色泽、色均匀度、油分、身份、光滑或微青等。

感官质量：香气质、香气量、杂气、余味、刺激性、灰色、燃烧性、香型、浓度、劲头及烟气特征等。

主要化学成分：钾、总氮、总糖、还原糖、烟碱、氯、糖碱比、氮碱比、钾氯比、两糖比等。

2．仪器

连续流动分析仪、原子吸收光谱仪、离子色谱仪、可见/紫外分光光度计、火焰光度计、研钵、真空干燥器、电子天平、真空泵、离心机、恒温干燥箱、恒温水浴锅等。

3．常规化学成分测定方法

测定各处理样品烟叶的常规化学指标：总氮、钾、总糖、还原糖、烟碱、淀粉、氯。方法参考：YC/T159–2002[42]（总糖、还原糖）、YC/T161–2002[44]（总氮）、YC/T160–2002[43]（烟碱）、YC/T217–2007[45]（钾）、YC/T216–2007[47]（淀粉）、C/T162–2002[46]（氯）。

二、结果与分析

（一）烤烟钾肥基追比及根部追钾时期对烤烟农艺性状的影响

对各处理烟株主要农艺性状进行调查分析，结果见表5–47、表5–48。大田烤烟生产时分次追施钾肥能使烤烟株高、叶长、叶宽、叶数等农艺性状指标均有不同程度的提高。在烤烟生长前期，各处理尤其是基肥偏低的处理各项农艺性状指标均低于对照，可能是因为基肥施用量低于对照，不能为烟株的早发快长提供养分，在移栽后30天内，在株高方面，CK处理高于A3B2处理，高达2.53cm/片。在烤烟生长中后期，随着追钾次数的增加，烟株长势强劲，各项农艺性状指标超过对照烟株。一次追钾与两次追钾比较，在移栽后60d内，一次追钾烟株在株高、最大叶长方面均明显高于两次追钾烟株，其中，A3B1处理在株高、最大叶长方面高于A1B3处理，分别达11cm/片、5.83cm/片，最大叶宽方面差异不明显。在打顶10天后比较，两次追钾烟株在叶宽方面优于一次追钾烟株，最大差距达到了5.56cm/片，其他农艺性状指标差异不明显。

其中B3各处理烟株在打顶后叶宽增幅较大，可能与烟株封顶后追施钾肥有关。但A3各处理可能由于追肥量过大烟株后期生长过旺，不利于成熟落黄；A2各处理烟株长势优于其他处理，尤其是A2B3处理在前期生长较缓，旺长期能够快速生长，而且在后期不会出现疯长，烟叶落黄较好，较符合烟株需肥规律。从试验地特有的肥力土壤条件来看，当以60%基肥+40%追肥比例和1次灌根（15~25d）+1次打顶当天灌根（2次各半）两个追钾时期追施钾肥时，烟株前期早发快长，后期成熟落黄，各项农艺性状指标表现较好。

表5-47 移栽后30天、60天农艺性状调查（cm/片）

移栽天数	项目	A1B1	A1B2	A1B3	A2B1	A2B2	A2B3	A3B1	A3B2	A3B3	CK
移栽后30天	株高	18.31	17.15	17.41	17.86	16.45	16.69	18.22	16.02	16.13	18.55
	叶数	13	12	12	12	12	11	12	11	11	13
	最大叶长	42.13	40.16	41.10	40.16	38.65	39.01	41.74	39.64	38.65	42.35
	最大叶宽	22.02	20.03	21.02	21.67	20.01	19.35	20.27	19.13	18.35	22.39
移栽后60天	株高	122.25	116.12	115.25	123.26	117.26	116.06	126.25	116.23	118.02	117.05
	叶数	22	21	21	22	21	21	22	22	21	22
	最大叶长	62.05	58.26	58.16	63.32	58.63	59.63	63.99	60.03	58.36	60.02
	最大叶宽	29.05	28.56	28.05	28.35	26.56	27.89	29.36	28.12	28.56	28.46

表5-48 打顶前和打顶后10天农艺性状调查（cm/片）

移栽天数	项目	A1B1	A1B2	A1B3	A2B1	A2B2	A2B3	A3B1	A3B2	A3B3	CK
打顶前	株高	136.58	138.89	135.58	137.61	140.61	138.72	139.71	142.45	139.62	135.21
	叶数	23	23	22	22	21	21	23	23	22	21
	最大叶长	64.61	66.28	63.31	65.58	66.28	63.28	65.89	68.28	65.56	63.29
	最大叶宽	33.43	35.31	33.14	33.86	36.33	34.34	34.71	38.33	35.93	34.12
打顶后10天	株高	103.56	105.38	105.59	104.35	106.59	106.35	105.95	108.65	105.58	101.61
	叶数	22	23	22	23	22	22	23	23	22	21
	最大叶长	65.01	66.34	66.67	65.68	66.56	66.34	66.33	68.96	68.94	64.67
	最大叶宽	33.91	36.31	36.68	34.98	37.26	36.78	35.41	39.47	38.5	34.57

（二）烤烟钾肥基追比及根部追钾时期对烤烟物理性状的影响

1. 烤烟钾肥基追比及根部追钾时期对烤烟上部叶物理性状的影响

从表5-49中可以看出，大田烤烟生产时分次追施钾肥对烤烟上部叶叶宽、叶厚、开片度等物理性状指标有明显的影响。在叶长方面，追施钾肥的处理除A1B1外，其他处理均高于对照，各处理间比较差异不明显，叶长大小顺序为A2B3＞A3B2＞A1B2＞A1B3＞A3B3＞A2B2＞A3B1＞A2B1＞A1B1＞CK；在叶宽方面，各处理均高于对照处理，两次追钾烟株高于一次追钾烟株，其中打顶后追钾与现蕾期相比，烟株叶宽增加幅度明显大于现蕾期追钾；在叶厚方面，追钾次数越多，上部叶的厚度越薄，其中，烟叶厚度最厚的为A2B1处理，为185.79μm，最薄的为A2B3处理，为150.93μm。开片度是指烟叶叶宽与叶长的百分比，打顶后追施钾肥其开片度明显高于其他处理，不同处理间开片度大小顺序为：A2B3 > A1B3 > A3B3 > A1B2 > A2B2 > A3B2 > A1B1 > A2B1 > A3B1 > CK。含梗率、平衡含水率、单叶重各处理间比较，规律不明显。

表5-49　烤烟钾肥基追比及根部追钾时期对烤烟上部叶物理性状的影响

处理	叶长（cm）	叶宽（cm）	叶厚（μm）	单叶重（g）	开片度（%）	含梗率（%）	平衡含水率（%）
A1B1	65.02a	16.26a	180.26b	10.65a	32.05a	31.57a	14.96a
A1B2	66.82a	18.32ab	169.35a	11.63a	32.93ab	31.38a	15.69a
A1B3	66.56a	19.63b	158.35a	11.86a	33.25ab	29.2a	15.35a
A2B1	65.59a	16.35a	185.69b	10.15a	31.53a	30.05a	14.68a
A2B2	65.91a	17.38a	172.95ab	10.84a	32.65a	30.46a	16.96a
A2B3	67.28a	20.16b	150.93a	11.62a	34.26b	28.08a	14.38a
A3B1	65.75a	17.32a	182.36b	12.03a	31.29a	32.75a	14.03a
A3B2	67.16a	18.85ab	170.96a	12.87a	32.34a	32.68a	16.05a
A3B3	65.94a	20.16b	163.03a	11.85a	32.95ab	31.79a	15.91a
CK	65.45a	16.14a	185.69b	11.25a	30.65a	30.98a	14.52a

2. 烤烟钾肥基追比及根部追钾时期对烤烟中、下部叶物理性状的影响

大田烤烟生产时分次追施钾肥对烤烟中、下部烟叶叶长、叶宽、叶厚、开片度、含梗率等物理性状指标的影响见表5-50、表5-51。在叶长方面，中部叶追施钾肥的各处理比较，两次追钾处理的烟叶叶长高于一次追钾处理烟株，其中A1B2处理烟叶叶长最大，为71.56cm，A3B1处理烟叶叶长最小，为67.32cm；下部叶追施钾肥的各处理比较，各处理烟叶规律不明显，其大小顺序为：A3B2 > A3B3 > A2B2 > A3B1 > A1B3 > A1B2 > A2B3 > A2B1 > A1B1 > CK。

在叶宽方面，中、下部叶喷施钾肥的各处理间比较规律不明显。在叶厚方面，中部叶以A2B3处理的烟叶厚度最薄，为125.62cm，A3B1处理的烟叶厚度最厚，为142.36cm；下部叶以A1B3处理的烟叶厚度最薄，为85.63cm，A1B1处理的烟叶厚度最厚，为94.56cm。在单叶重方面，中、下部叶各处理间差异不明显。

在开片度方面，中部叶以A2B2处理最高，为38.25%，A3B1处理最低，为36.26%；下部叶其大小顺序为A2B3 > A2B2 > A1B2 > A1B3 > A2B1 > A3B2 > CK > A3B1 > A1B1 > A3B3。中、下部叶平衡含水率、单叶重各处理间比较，规律不明显。

表5-50 烤烟钾肥基追比及根部追钾时期对烤烟中部叶物理性状的影响

处理	叶长（cm）	叶宽（cm）	叶厚（μm）	单叶重（g）	开片度（%）	含梗率（%）	平衡含水率（%）
A1B1	68.35a	17.26a	130.95ab	11.85a	36.37a	30.63a	16.85a
A1B2	71.56a	20.24a	129.89ab	11.32a	37.53a	29.65a	15.69a
A1B3	70.26a	18.16a	131.35ab	10.41a	37.35a	30.98a	15.32a
A2B1	67.42a	17.28a	134.62b	12.76a	37.03a	29.95a	14.36a
A2B2	71.38a	19.63a	126.25a	11.78a	38.25a	28.02a	16.02a
A2B3	69.16a	18.61a	125.62a	11.53a	37.62a	29.09a	16.88a
A3B1	67.32a	17.38a	142.36b	12.35a	36.26a	29.65a	16.30a
A3B2	71.15a	19.86a	135.68b	11.91a	36.35a	30.07a	17.05a
A3B3	70.63a	19.62a	137.32b	12.62a	36.95a	30.05a	16.35a
CK	68.18a	16.68a	131.39a	11.36a	36.16a	30.18a	16.96a

表5-51 烤烟钾肥基追比及根部追钾时期对烤烟下部叶物理性状的影响

处理	叶长（cm）	叶宽（cm）	叶厚（μm）	单叶重（g）	开片度（%）	含梗率（%）	平衡含水率（%）
A1B1	58.62a	19.69a	94.56b	10.26a	37.25a	31.28a	15.69a
A1B2	60.56a	20.26a	93.16b	11.26a	39.25a	30.25a	16.01a
A1B3	60.59a	20.36a	85.63a	10.39a	38.85a	29.78a	16.36a
A2B1	59.68a	19.69a	86.67a	11.38a	38.65a	30.58a	15.96a
A2B2	62.08a	22.36a	90.63ab	10.26a	39.26a	29.10a	14.36a
A2B3	60.26a	21.06a	91.06ab	9.69a	40.15a	29.05a	16.03a
A3B1	60.63a	18.96a	89.62ab	10.63a	37.85a	31.04a	16.01a
A3B2	62.26a	20.36a	93.16b	12.06a	38.64a	30.16a	15.06a
A3B3	62.13a	21.39a	90.36ab	10.31a	37.15a	30.47a	15.31a
CK	60.12a	19.05a	90.17ab	10.06a	38.29a	31.06a	15.05a

（三）烤烟钾肥基追比及根部追钾时期对烤烟钾含量的影响

1. 烤烟钾肥基追比及根部追钾时期对烤烟上部叶钾含量的影响

由表5-52可以看出，上部叶的钾含量，在不同施钾时期，以施钾1次灌根（15~25d）+1次打顶当天灌根（2次各半）处理的最高，明显高于对照、1次灌根

（15~25d）处理和1次灌根（15~25d）+1次现蕾期灌根（2次各半）处理。

从表5-52可知，在不同追钾次数上，对不同处理间进行方差分析比较，CK与1次灌根（15~25d）处理差异不显著。施钾1次灌根（15~25d）+1次打顶当天灌根（2次各半）处理、1次灌根（15~25d）+1次现蕾期灌根（2次各半）处理分别与其他处理间比较，差异达到了0.05的显著水平。这表明与全部以基肥施用以及基肥和1次追肥结合施用比较，增加追肥的次数能够显著提高上部叶的钾含量，且施钾1次灌根（15~25d）+1次打顶当天灌根（2次各半）处理对提高上部叶的钾含量起最主要的作用。

在钾肥不同基追比上，在施钾总量相等的情况下，其追钾量越高对烤烟上部叶钾含量的影响越大。对A1B3、A2B3、A3B3进行比较，三个处理之间达到了0.05的显著水平，这表明不同钾肥基追比影响着上部叶的钾含量。其中，烟叶钾含量最高的为A2B3处理，为14.35g/kg，其次为A3B3处理，为14.15g/kg，最低的为A1B3处理，为13.55g/kg。

2．烤烟钾肥基追比及根部追钾时期对烤烟中部叶钾含量的影响

由表5-52可以看出，中部叶的K含量，在不同追钾次数上，施钾1次灌根（15~25d）+1次打顶当天灌根（2次各半）处理和1次灌根（15~25d）+1次现蕾期灌根（2次各半）处理与对照、1次灌根（15~25d）处理比较，差异达到了0.05的显著水平，CK与1次灌根（15~25d）处埋差异不显著，施钾1次灌根（15~25d）+1次打顶当天灌根（2次各半）处理和1次灌根（15~25d）处理和1次灌根（15~25d）+1次现蕾期灌根（2次各半）处理之间比较，差异达到了0.05的显著水平。

3．烤烟钾肥基追比及根部追钾时期对烤烟下部叶钾含量的影响

下部叶的K含量，从表5-52可以看出，其钾含量最高的为A2B3处理，为17.68g/kg，最低的为A1B1处理，为15.62g/kg，其高低顺序为：A2B3 > A3B2 > A2B1 > A3B3 > A2B2 > CK > A1B3 > A3B1 > A1B2 > A1B1，整体呈现出随着追钾次数的增加下部叶钾含量增高的趋势。A2B1、A2B3、A3B2处理与A1B1、A1B2、A1B3、A3B1、CK处理间比较达到了0.05的显著水平。

表5-52 不同处理对烤烟钾含量的影响（%）

叶位	A1B1	A1B2	A1B3	A2B1	A2B2	A2B3	A3B1	A3B2	A3B3	CK
上部叶	1.37a	1.55b	1.62b	1.38a	1.60b	1.81d	1.38a	1.67bc	1.72c	1.34a
中部叶	1.57a	1.67b	1.69b	1.54a	1.69b	1.90d	1.55a	1.81c	1.78c	1.52a
下部叶	1.88b	1.89b	1.92b	2.07c	1.99bc	2.13c	1.90b	2.09c	2.02bc	1.71a

（四）烤烟钾肥基追比及根部追钾时期对烤烟其他化学成分的影响

1. 总氮

氮素是植物细胞内各种氨基酸、蛋白质等含氮化合物的重要组成成分之一，对烟草的正常生长发育、产量、品质有着十分重要的影响。含氮过高烟叶将香气量少，外观色泽暗淡、油分少，缺乏弹性易破碎；含氮量低的烟叶颜色淡、油分少、吃味差，品质不佳。从表5-53可知，在上部叶方面，与全部以基肥施用比较，不同生长时期根部追钾能降低上部叶中总氮的含量，且追钾次数越多，其影响越显著，其中，A1B3、A2B3、A3B3处理与其他处理比较，均达到了0.05的显著水平。在各处理中，以A3B1处理总氮含量最高，为23.61g/kg，A2B3处理最低，为20.91 g/kg，其对上部叶中总氮含量影响的大小顺序为CK＞A3B1＞A1B1＞A3B2＞A3B3＞A1B2＞A2B1＞A1B3＞A2B2＞A2B3。从表5-54、表5-55可知，在中、下部叶方面，与全部以基肥施用比较，不同生长时期根部追钾对中、下部叶中总氮含量的影响不明显，其对中部叶中总氮含量影响的大小顺序为：A2B1＞A2B3＞A2B2＞A3B2＞A1B3＞CK＞A1B2＞A3B3＞A1B1＞A3B1；对下部叶中总氮含量影响的大小顺序为：A2B3＞A2B2＞CK＞A2B3＞A2B1＞A3B1＞A1B3＞A3B3＞A1B2＞A1B1。

2. 氯

从表5-53、表5-54、表5-55可知，与全部以基肥施用比较，不同生长时期根部追钾能降低上、中部叶中氯的含量，且追钾次数越多，其影响越显著，但对下部叶氯含量的影响作用规律不明显。在上部叶方面，A2B3处理烟叶氯含量与其他处理间比较，A1B1、A3B1、CK与A1B3、A2B2、A3B2、A3B3处理间达到了0.05的显著水平。各处理中，烟叶氯含量最高的为A3B1处理，为4.10g/kg，最低的为A2B3处理，为3.19g/kg。其对上部叶中氯含量影响的大小顺序为：CK>A3B1>A1B1>A2B3>A1B2>A3B3>A1B3>A2B1>A2B2>A2B3；对中部叶中氯含量影响的大小顺序为：CK>A1B1>A1B2>A2B1>A3B1>A1B3>A2B3>A2B2>A3B3>A2B3；对下部叶中氯含量影响的大小顺序为：CK>A3B2>A1B1>A3B3>A1B1>A1B2>A2B2>A2B1>A1B3>A2B3。另外，在烟草钾肥不同基追肥比例作用影响下，上部叶氯含量的高低顺序为50%基肥+50%追肥>70%基肥+30%追肥>60%基肥+40%追肥，由此可见，钾肥基肥比例过高或过低会对烟叶中的氯含量产生不利的影响。在钾肥不同追肥时期方面，上部叶氯含量的高低顺序为：1次灌根（15~25d）+1次打顶当天灌根（2次各半）>1次灌根（15~25d）+1次现蕾期灌根（2次各半）>1次灌根（15~25d）。由此可见1次灌根（15~25d）+1次打顶当天灌根（2次各半）施钾处理对降低上部叶的氯含量的影响最大，因此，在烟草大田生产施肥时应注意追肥时期的使用。结合以上可知，当以60%基肥+40%追肥比例和1次灌根（15~25d）+1次打顶当天灌根（2次各半）两个追钾时期追施钾肥时，能显著降低上部叶的氯含量，提高上部叶的可用性。

3．烟碱

从表5-53、表5-54、表5-55可知，与全部以基肥施用比较，不同生长时期根部追钾能降低上、中、下部叶中烟碱的含量，且追钾次数越多，其影响越显著。在上部叶中，A1B1、A2B1、A3B1、CK处理与A1B3、A2B2、A2B3、A3B3处理间比较达到了0.05的显著水平。各处理中，A1B1处理烟碱含量最高，为32.16g/kg，A2B2处理最低，为28.65g/kg，其对上部叶中烟碱含量影响的大小顺序为：CK>A1B1>A3B1>A2B1>A1B2>A3B2>A3B3>A1B3>A2B2>A2B3。在中部叶中，A3B1处理烟碱含量最高，为23.61 g/kg，A3B2处理最低，为19.68 g/kg，对中部烟叶中烟碱含量影响的大小顺序为：CK>A3B1>A3B3>A1B1>A2B3>A1B2>A2B2>A1B3>A2B1>A3B2。对下部叶中烟碱含量影响的大小顺序为：CK>A3B1>A1B1>A3B2 >A1B3>A3B3>A1B2>A2B1>A2B2>A2B3。另外，在不同追肥时期方面，上部叶烟碱含量的高低顺序为：1次灌根（15~25d）+1次打顶当天灌根（2次各半）>1次灌根（15~25d）+1次现蕾期灌根（2次各半）>1次灌根（15~25d），中、下部叶烟碱含量的高低顺序规律不明显。

由此可见，在不同追钾时期方面，1次灌根（15~25d）+1次打顶当天灌根（2次各半）施钾处理对降低上部叶烟碱含量的影响最大。在追肥次数方面，不同生长时期根部追钾次数越多，其对降低上部叶烟碱含量的影响越大。

表5-53 烤烟钾肥基追比及根部追钾时期对烤烟上部叶其他化学成分的影响

单位：g/kg

项目	A1B1	A1B2	A1B3	A2B1	A2B2	A2B3	A3B1	A3B2	A3B3	CK
总氮	23.26a	22.27ab	21.91b	22.26a	21.56b	19.91b	23.61a	22.96ab	22.65b	24.16a
氯	3.95a	3.68ab	3.56b	3.45ab	3.25b	3.19c	4.10a	3.76b	3.59b	4.55a
烟碱	32.16a	30.26ab	29.63b	31.25a	28.86b	27.65b	31.63a	30.16ab	29.79b	32.56a

表5-54 烤烟钾肥基追比及根部追钾时期对烤烟中部叶其他化学成分的影响

单位：g/kg

项目	A1B1	A1B2	A1B3	A2B1	A2B2	A2B3	A3B1	A3B2	A3B3	CK
总氮	18.12a	18.39a	19.23a	20.16a	19.36a	19.50a	17.56a	19.29a	18.15a	18.99a
氯	4.35a	4.26a	4.05ab	4.18ab	3.94b	3.39c	4.09ab	3.98b	3.76bc	4.72a
烟碱	22.27a	21.62ab	21.15b	20.38ab	21.16ab	21.96ab	23.61a	19.68b	22.35ab	24.96a

表5-55 烤烟钾肥基追比及根部追钾时期对烤烟下部叶其他化学成分的影响

单位：g/kg

项目	A1B1	A1B2	A1B3	A2B1	A2B2	A2B3	A3B1	A3B2	A3B3	CK
总氮	15.63a	16.03a	16.89a	17.56a	17.85a	18.06a	17.26a	17.63a	16.38a	17.69a
氯	7.34a	7.05a	6.36a	6.53a	7.01a	6.09a	7.96a	8.06a	7.63a	8..15a
烟碱	18.63a	17.06ab	17.96ab	16.13b	15.96b	15.01b	19.63a	18.06ab	17.63b	19.96a

4．还原糖、总糖

从图5-38、图5-39、图5-40可知，与全部以基肥施用比较，不同生长时期根部追钾对降低烟叶中还原糖、总糖含量的影响作用不明显。在上部叶方面，A1B2处理还原糖、总糖含量最高，分别为217.38g/kg、234.80 g/kg，A2B2处理最低，分别为175.06g/kg、209.75 g/kg。不同处理间还原糖含量的高低顺序为：A1B2＞A1B1＞A2B1 ＞A3B3＞A3B1＞A1B3＞A3B2＞CK＞A2B3＞A2B2；不同处理间总糖含量的高低顺序为：A1B2＞A2B3＞A3B3 ＞A1B3＞A3B1＞A3B2＞CK＞A1B1＞A2B1＞A2B2。在中部叶方面，还原糖含量以A1B1处理最高，为222.73 g/kg，A2B3处理最低，为180.11 g/kg；总糖含量以A3B2最高，为272.26 g/

kg，A2B1处理最低，为225.74 g/kg。在下部叶方面，不同处理间还原糖含量的高低顺序为：A2B3＞A2B1＞A2B2 ＞A3B2＞CK＞A1B2＞A1B3＞A1B1＞A3B3＞A3B1；不同处理间总糖含量高低顺序为：A2B3＞A1B2＞A1B1＞CK＞A3B2＞A2B2＞A1B3＞A2B1＞A3B3＞A3B1。

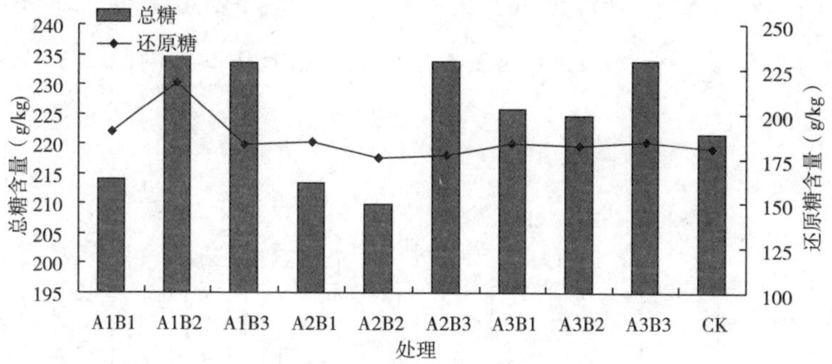

图5-38　不同处理对烤烟上部叶总糖、还原糖含量的影响

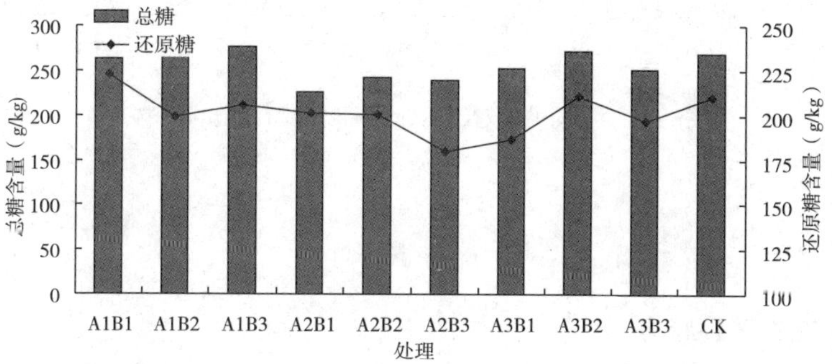

图5-39　不同处理对烤烟中部叶总糖、还原糖含量的影响

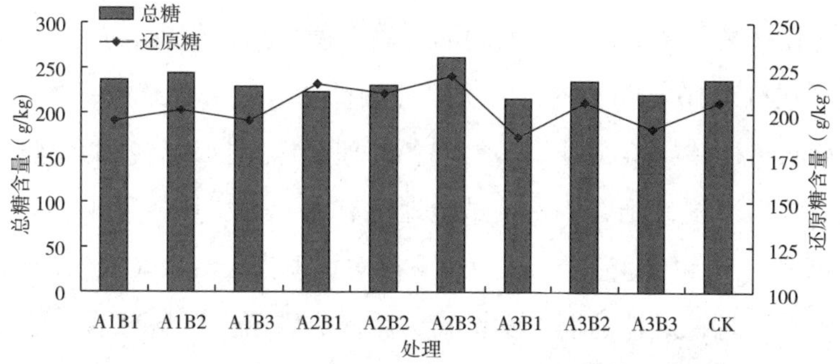

图5-40　不同处理对烤烟下部叶总糖、还原糖含量的影响

5. 淀粉

从图5-41可知，与全部以基肥施用比较，不同生长时期根部追钾对烟叶中淀粉含量的影响作用规律不明显。在上部叶方面，烟叶淀粉含量以A1B3处理最高，为23.61g/kg，A3B1处理最低，为17.36g/kg；在中部叶方面，以A2B3处理最高，为30.15 g/kg，A1B1处理最低，为22.68g/kg；在下部叶方面，不同处理间烟叶淀粉含量的高低顺序为：CK＞A2B1＞A2B3＞A2B2 ＞A3B1＞A3B3＞A3B2＞A1B3＞A1B1＞A1B2。

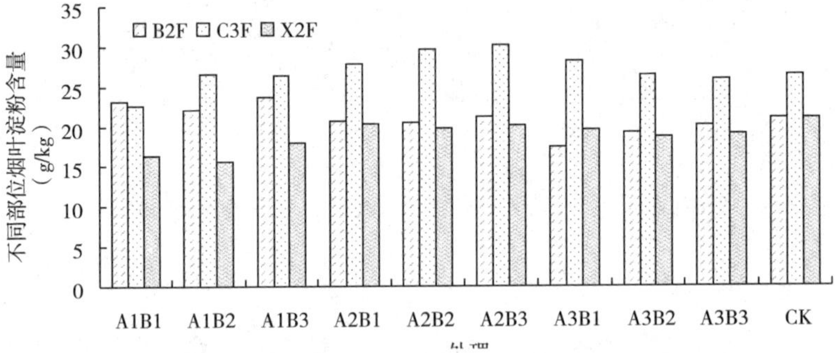

图5-41 不同处理对不同部位烟叶淀粉含量的影响

三、结论与讨论

（一）在农艺性状方面

大田烤烟生产时分次追施钾肥能使烤烟株高、叶长、叶宽、叶数等农艺性状指标均有不同程度的提高。一次追钾与两次追钾比较，在移栽后60天内，一次追钾烟株在株高、最大叶长方面均明显高于两次追钾烟株，最大叶宽方面差异不明显。在打顶10天后比较，两次追钾烟株在叶宽方面优于一次追钾烟株，其他农艺性状指标差异不明显。其中B3各处理烟株在打顶后叶宽增幅较大，可能与烟株封顶后追施钾肥有关。从试验地特有的肥力土壤条件来看，当以60%基肥+40%追肥比例和1次灌根（15~25d）+1次打顶当天灌根（2次各半）两个追钾时期追施钾肥时，烟株前期早发快长，后期成熟落黄，各项农艺性状指标表现较好。

（二）在物理性状方面

大田烤烟生产时分次追施钾肥对烤烟上部叶叶宽、叶厚、开片度等物理性状指标有明显的影响。在叶长方面，追施钾肥的处理除A1B1外，其他处理均高于对照；在叶宽方面，各处理均高于对照处理，两次追钾烟株高于一次追钾烟株，其中打顶后追钾与现蕾期相比，烟株叶宽增加幅度明显大于现蕾期追钾；在叶厚方面，追钾次数越多，上部叶的厚度越薄。含梗率、平衡含水率、单叶重各处理间比较，规律不明显。大田烤烟生产时分次追施钾肥对烤烟中、下部叶叶长、叶宽、叶厚、开片度、含梗率等物理性状指标的影响作用不明显。由此可见，在现蕾期、打顶后追施钾肥可以改变叶型，使叶片趋向卵圆形，并能降低上部叶片的厚度，延展性好，使烟叶组织结构趋于疏松，增加可用性。打顶后追施钾肥的作用大于现蕾期和移栽后15~25d追钾。

（三）在烟叶钾含量方面

在施钾总量相等的情况下，其追钾量越高对烤烟上、中部叶钾含量的影响越大。在不同含钾量基肥水平上，上部叶的K含量，以施钾1次灌根（15~25d）+1次打顶当天灌根（2次各半）的处理最高，明显高于对照、1次灌根（15~25d）处理和1次灌根（15~25d）+1次现蕾期灌根（2次各半）处理。增加追肥的次数能够显著提高上部叶的钾含量，且施钾1次灌根（15~25d）+1次打顶当天灌根（2次各半）处理对提高上部叶的钾含量起最主要的作用。中部叶的K含量，施钾1次灌根（15~25d）+1次打顶当天灌根（2次各半）处理和1次灌根（15~25d）处理和1次灌根（15~25d）+1次现蕾期灌根（2次各半）处理与对照、1次灌根（15~25d）处理比较，差异达到了0.05的显著水平。下部叶的K含量，其钾含量最高的为A2B3处理，最低的为A1B1处理。由此可见，在施钾总量相等的情况下，改变基追肥比例、追肥时期、次数对烤烟不同部位烟叶钾含量的影响很显著。

（四）在烟叶化学成分方面

在上部叶方面，与全部以基肥施用比较，不同生长时期根部追钾能降低上部叶中总氮的含量，且追钾次数越多，其影响越显著；在中、下部叶方面，与全部以基肥施用比较，不同生长时期根部追钾对中、下部叶中总氮含量的影响不明显。与全部以基肥施用比较，不同生长时期根部追钾能降低上、中部叶中氯的含量，且追钾次数越多，其影响越显著，但对下部叶氯含量的影响作用规律不明显。另外，钾肥基肥比例过高或过低会对烟叶中的氯含量产生不利的影响，1次灌根（15~25d）+1次打顶当天灌根（2次各半）施钾处理对降低上部叶氯含量的影响最大，因此，在烟草大田生产施肥时应注意追肥时期的使用。与全部以基肥施用比较，不同生长时期根部追钾对降低上、中部叶中还原糖、总糖、淀粉含量的影响作用不明显。与全部以基肥施用比较，不同生长时期根部追钾能降低上、中、下部叶中烟碱的含量，且追钾次数越多，其影响越显著。另外，1次灌根（15~25d）+1次打顶当天灌根（2次各半）施钾处理对降低上部叶烟碱含量的影响最大。在追肥次数方面，不同生长时期根部追钾次数越多，其对降低上部叶烟碱含量的影响越大。综上所述可知，与全部作基肥施用比较，钾肥分基肥和追肥施用能显著降低上部叶的烟碱含量，这有利于解决目前我国上部叶烟碱含量偏高、可用性较差的问题，同时还可以有效地提高烟叶中可溶性总糖的含量和糖碱比，协调好烟叶内主要化学成分的比例，改善了烟叶的品质。

第六节　苦豆草肥对烤烟生长和烟叶品质的影响

苦豆草（*Sophora Alopecurides L*）是我国北方广泛分布的一种野生植物，其植株与种子富含生物碱类、有机酸、氨基酸、蛋白质、黄酮类及多糖类等多种物质[75，76]，其资源量巨大，具有较高的药用价值和生态功能。苦豆草主要活性成分为生物碱，至今已从苦豆草中分离鉴定了26种以上的生物碱单体。研究[77，78]表明，苦豆草具有杀虫、抑菌和植物生长调节等广谱活性。此外，苦豆草粗提物对植物多种病源真菌有抑菌活性，如对炭疽菌抑制活性较强，可影响黄粉虫的取食行为，对根结线虫、蚜虫及蛾类等均具有较好的防治作用。近年来，陆良地区黑胫病、根结线虫病等烤烟病害流行，对烟叶品质造成了不良影响。针对陆良地区植烟土壤微量元素缺乏及病虫害多发的状况，研究通过以苦豆草非药用部位为原料，配制开发了烟草专用苦豆草系列液体肥料制剂，在陆良召夸烟叶基地单元开展应用验证，探究其对烤烟产质量及抑制烤烟病虫害等方面的影响。

一、材料与方法

（一）试验区概况

试验于2015年4月在云南省陆良县召夸镇小坝烟叶基地进行，土壤类型为红壤，前作为玉米，0~20cm耕层土壤的理化性状：pH为6.14，有机质23.86g/kg，碱解氮110.39mg/kg，速效磷53.61mg/kg，速效钾124.65mg/kg。

（二）试验设计

试验供试烤烟品种为当地主栽品种云烟100，种植密度参考陆良召夸烟叶基地标准950株/亩，试验为单因素随机区组设计，共设4个处理，D1（CK）：常规高产推荐处理；D2：D1+苦豆草叶面肥；D3：D1+苦豆草根灌肥；D4：D1+苦豆草叶面肥+根灌肥，每个处理三次重复，共计12个小区，每个小区栽烟60株，四周设保护行。根灌肥在还苗期（移栽后7~10d）、团棵期（移栽后45d左右）、旺长期（移栽后60d左右）进行灌根处理；叶面肥在团棵期、旺长期、打顶期各喷施一次。常规施肥如下：70%氮肥（烟草专用肥15–5–25）和全部磷肥作为基肥在移栽前穴施，追肥在移栽后7~10d、20~25d分两次追施。

叶面肥：N≥0.5%、P_2O_5≥1%、K_2O≥2%，锌/Zn+硼/B≥15g/L，苦豆草总碱0.1%，pH值5.5~8.5。（用水稀释至1:1000倍液，叶面喷施）

根灌肥；N≥10%、P_2O_5≥5%、K_2O≥5%，锌/Zn+硼/B≥30g/L，苦豆草总碱0.5%，pH值5.5~9.0。（用水稀释至1:500倍液，灌根施用）

（三）测定项目与方法

1．烤烟大田农艺性状：各处理烟株团棵期、旺长期、成熟期烟株株高、有效叶数、茎围、最大叶长、最大叶宽等。

2．烤烟病虫害调查：对各处理烟株大田生育期内的病虫害发生率进行统计。

3．烤烟经济性状：按照GB2635–1992《烤烟》分级方法对烟叶进行分级，并统计各处理烤后烟叶的中上等烟比例、产量、产值。每个小区分别取X2F、C3F、B2F三个等级的烟叶各1.5 kg送检。

4．烤后烟叶理化指标检测

烟叶物理性状：包括单叶重、叶长、叶宽、含梗率、叶片密度和平衡含水率。

烟叶化学成分：总糖、还原糖、总氮、烟碱、氯的含量测定按照YC/T 159~162-2002《烟草及烟草制品水溶性糖（总植物碱、总氮、氯）的测定连续流动法》测定，所用仪器为德国布朗卢比公司制造的AA3型流动分析仪；采用火焰光度计法测烟叶钾含量；采用蒽酮比色法测定淀粉含量；采用HPLC法检测烟叶色素多酚物质含量。

（四）数据处理与分析

使用SPSS 19、DPS7.05和Excel等统计软件进行相关数据分析。

二、结果与分析

（一）苦豆草肥对烤烟农艺性状的影响

由表5-56可知，施用苦豆草肥处理的烟株株高、叶数、茎围和叶面积均较对照有所增加。其中，D3、D4处理团棵期烟株株高和叶数均大于D1（CK）处理，且差异显著，而D2处理与D1处理无显著差异，各处理间烟叶面积差异不显著。旺长期D2~D4处理的烟株株高和烟叶面积均大于D1（CK）处理，其中D2、D4处理烟株长势较好，烟株株高较高、叶面积较大，并与D1差异显著，而D2与D3处理间差异不显著。D3、D4处理旺长期和成熟期烟株茎围显著大于D1处理，D2与D1处理烟株茎围无显著差异，说明根灌肥能够增加茎围，而喷施叶面肥有利于增加烟株株高和烟叶面积，有利于促进光合作用、增加干物质积累，对烟株中后期生长影响较明显。各处理间以D4处理农艺性状表现最好，株高较高，叶面积在各处理间最大，说明叶面肥配施根灌肥能够有效促进烤烟田期生长，提高烤烟大田农艺性状。

表5-56　不同处理烟株大田农艺性状

生育期	处理	株高（cm）	叶数	茎围（cm）	叶面积（cm^2）
团棵期	D1（CK）	14.9b	10.3b	—	369.75a
	D2	15.1ab	10.5b	—	373.89a
	D3	15.6a	11.4a	—	376.46a
	D4	15.9a	11.6a	—	395.11a
旺长期	D1（CK）	63.3b	16.7a	9.2b	1220.60c
	D2	66.5a	17.3a	9.2b	1293.72b
	D3	65.8a	17.0a	9.5a	1282.08b
	D4	67.2a	17.6a	9.8a	1311.04a
成熟期	D1（CK）	98.1b	19.4a	9.5b	1535.27b
	D2	101.3a	20.8a	9.6b	1600.45ab
	D3	100.2a	20.1a	10.1a	1589.84ab
	D4	101.5a	20.9a	10.1a	1636.45a

（二）苦豆草肥对烟叶SPAD值的影响

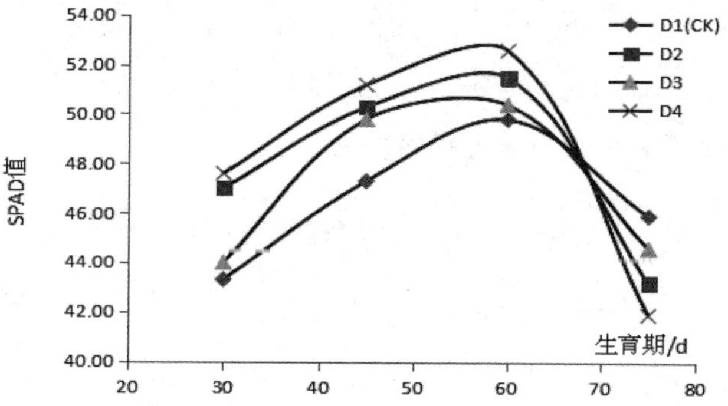

图5-42　不同处理烟叶SPAD值的变化

由图5-42可知，烤烟生长前期D2~D4处理的烟叶SPAD值高于D1（CK）处理，且以D4处理最高，D2处理次之，D1（CK）处理最低。旺长期（60d）左右开始发生变化，各处理SPAD值逐渐降低，且D4处理降低幅度最大，D1（CK）处理相对较小。综合表现来看叶面肥可显著提高烤烟前中期烟叶SPAD值，而根灌肥在团棵—旺长期内对烤烟叶绿素含量也有一定的提升作用，但效果低于施用叶面肥处理。说明施用苦豆草肥在一定程度上有助于提高烟叶叶绿素含量，从而增强烟株光合作用，促进干物质积累。成熟期D2~D4处理的烟叶SPAD值均低于D1（CK）处理，处理间表现为D1>D3>D2>D4，说明施用苦豆草肥有利于烟叶成熟落黄，而叶面肥处理对烟叶SPAD值的影响更明显。

（三）烤烟病虫害调查分析

表5-57 不同处理烟株病虫害发病率统计

处理	黑胫病	根结线虫	气候性斑点	赤星病	花叶病
D1（CK）	3.55	2.54	5.58	0	0
D2	1.54	1.03	1.03	0	0
D3	1.01	0	2.51	0	0
D4	0	0	2.44	0	0

对各处理烟株病害情况进行了调查分析，由表5-57可知，各处理间均无发生赤星病和花叶病的烟株，施用苦豆草肥处理的烟叶病虫害发病率总体低于对照，其中D4处理烟株无黑胫病烟株，D3处理无根结线虫烟株，D2处理烟株气候性斑点发生率明显低于D1处理。综合而言，D4处理的烟株病害状况好于D2、D3处理，说明施用苦豆草肥能够在一定程度上降低烟株发病率。

（四）苦豆草肥对烤烟经济性状的影响

表5-58 不同处理烤烟经济产量统计

处理	产量（kg/hm^2）	均价（元/kg）	产值（元/hm^2）	上等烟比例（%）	中上等烟比例（%）
D1（CK）	2182.50	24.45	53362.12	70.25	90.36
D2	2289.00	25.25	57797.25	73.50	92.50
D3	2328.75	24.80	57753.00	71.66	91.28
D4	2366.25	25.05	59274.56	74.05	92.75

由表5-58可知，施用苦豆草肥能够有效提高烤烟产量，产值及中上等烟比例，其中D2~D4处理的烟叶产量分别较D1（CK）处理提高4.88%、6.70%和8.42%，上等烟比例分别提高4.63%、2.01%和5.41%；中上等烟比例分别提高2.37%、1.02%、2.64%，产值分别提高8.31%、8.23%和11.08%，其中D2和D4处理烟叶中上等烟比例较高，且D4处理烤烟产量、产值最高，而D2与D3处理间差

异不明显，说明叶面肥配施根灌肥能够在一定程度上提高烟叶产量、产值，而喷施叶面肥更有利于优化烟叶等级，提高中上等烟的比例。

（五）苦豆草肥对烤烟物理性状的影响

如表5-59所示，下部叶单叶重方面表现为D4>D3>D2>D1，施用苦豆草肥处理的烟叶重均高于对照，且D3、D4处理与D2处理有显著差异；D4处理叶长与D1处理差异显著；下部叶含梗率和叶宽方面各处理间差异不显著，但D2~D4处理的烟叶含梗率均低于D1（CK）处理；叶片密度表现为D4>D3>D2>D1，其中D2与D1处理差异不显著，但和D3、D4处理有显著差异；平衡含水率方面，施用液肥处理的烤烟含水率均低于对照，且差异显著。

各处理中部叶烤烟单叶重表现为D4>D3>D2>D1，且D2与D3处理差异显著；叶长、叶宽方面，D4处理显著高于D1处理，D2与D3处理间差异不显著；含梗率表现为D1>D3>D2>D4，D4处理烟叶含梗率显著小于其他处理；叶片密度变现为D4>D3>D2>D1，D4处理烟叶密度最大，且与D1处理有显著差异；施用液肥处理的烟叶平衡含水率均低于对照，处理间表现为D1>D2>D3>D4，但差异不显著。

各处理上部叶单叶重表现为D4>D3>D2>D1，D4处理与其他处理差异显著，D2、D3处理无显著差异；施用苦豆草肥处理的上部叶的叶长和叶宽都大于对照，但处理间差异不显著；含梗率表现为D1>D3>D2>D4，D1处理烟叶含梗率显著高于其他处理，而D2~D4处理间差异不显著；叶片密度表现为D4>D2>D3>D1，施用液肥处理的烟叶密度均高于对照，且差异显著，其中D2与D3处理有显著差异；平衡含水率方面，D2与D3处理的烟叶平衡含水率低于D1处理，且差异显著，而D1与D4处理无显著差异。总体而言，施液态有机肥处理的烟叶在单叶重及叶片密度方面均高于D1（CK）处理，含梗率和平衡含水率较低。D4处理的烟叶物理性状最好，D2与D3处理差异不明显。

表5-59 不同处理烤后烟叶物理性状多重比较

等级	编号	单叶重（g）	叶长（cm）	叶宽（cm）	含梗率（%）	叶面密度（g/m²）	平衡含水率（%）
X2F	D1（CK）	10.52b	50.40b	20.62a	26.90a	80.08b	16.07a
	D2	10.75b	51.12ab	20.74a	26.82a	80.30b	14.83c
	D3	11.03a	51.35ab	21.43a	26.77a	81.23a	14.74c
	D4	11.07a	52.04a	21.42a	26.46a	81.69a	15.66b
C3F	D1（CK）	14.08c	60.07b	23.09b	31.55a	84.39c	14.05a
	D2	14.58b	61.44a	24.32ab	31.29a	86.55b	13.83a
	D3	15.26a	60.21b	24.35ab	31.43a	87.21ab	13.45a
	D4	15.76a	61.58a	24.55a	30.33b	88.13a	13.36a
B2F	D1（CK）	16.78c	69.42a	20.03a	27.81a	95.22c	13.06a
	D2	17.21b	69.94a	20.64a	26.21b	101.05a	11.93b
	D3	17.75b	70.3a	20.39a	27.49ab	99.03b	12.00b
	D4	18.05a	70.9a	20.80a	26.08b	101.71a	12.45a

（六）苦豆草肥对烟叶化学成分的影响

1.总糖、还原糖含量及两糖差

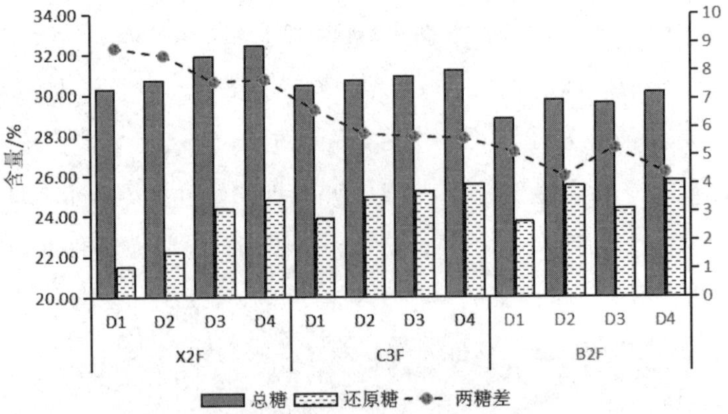

图5-43 不同处理烤后烟叶总糖、还原糖含量

烟叶的化学成分含量及其协调性决定了烟叶的内在品质，烟叶总糖与还原糖含量与烟气吃味有很大关联。云南烟区双糖含量普遍较高，一般认为烟叶总糖含量为25%~35%，还原糖含量为24%~34%，优质烟叶两糖差在3%~5%为宜。由图5-43可知，烟叶双糖含量趋势为中部叶＞下部叶＞上部叶，总糖与还原糖含量方面各处理下部叶和中部叶均表现为D4＞D3＞D2＞D1，上部叶为D4＞D2＞D3＞D1，说明苦豆草肥均不同程度提高了烤后烟叶的总糖、还原糖含量，其中根灌肥对中、下部叶的双糖含量影响更明显，而叶面肥能够显著提升上部叶的双糖含量。施用苦豆草肥均不同程度降低了烟叶两糖差，下部叶处理间表现为D3＜D4＜D2＜D1（CK），中部叶D2~D4处理间差异不明显，上部叶表现为D2＜D4＜D1＜D3，说明根灌肥能够显著降低下部叶两糖差，而喷施叶面肥能降低上部叶两糖差，提高了上部叶的可用性。

2.总氮、烟碱含量及氮碱比

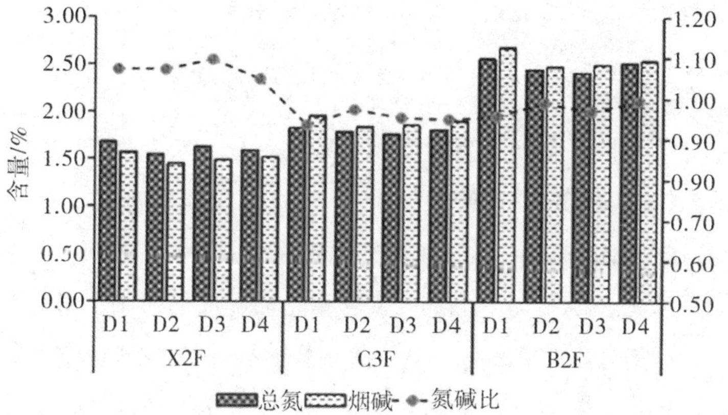

图5-44　不同处理烤后烟叶总氮、烟碱含量

优质烟叶总氮含量要求在1.5%~3.0%之间，烟碱含量在1.5%~3.5%之间，以2.5%为宜，氮碱比以1左右为宜。如图5-44所示，总氮含量方面，下部叶表现为D1＞D3＞D4＞D2，中、上部叶表现为D1＞D4＞D2＞D3。烟碱含量方面，下部烟叶表现为D1＞D4＞D3＞D2，中部叶和上部叶表现为D1＞D4＞D2＞D3。说明施用苦豆草肥有利于降氮降烟碱，D2处理对下部叶的作用更明显，D3处理对中、

上部叶的作用更显著。氮碱比在各处理间表现为D3>D1>D2>D4，D2~D4处理的中、上部叶氮碱比均较D1（CK）处理有一定程度的提高。说明施用苦豆草肥在一定程度上降低了烟叶总氮及烟碱含量，而氮碱比更趋于协调。

3.钾、氯含量与钾氯比

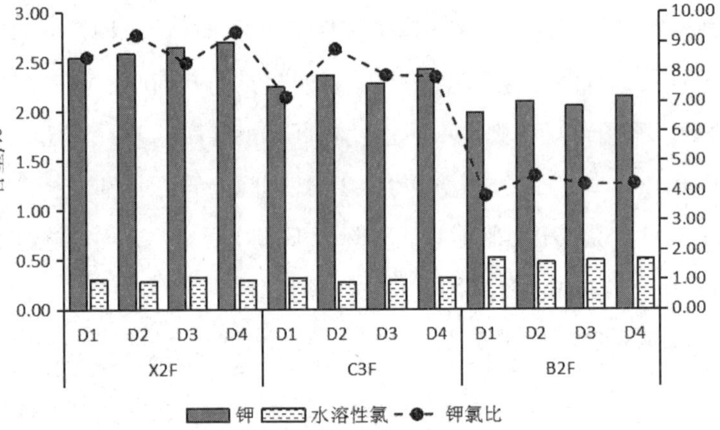

图5-45 不同处理烤后烟叶钾、氯含量

如图5-45所示，在烟叶钾含量方面，施用苦豆草肥处理的烤烟钾含量都较对照有所提高，说明能够促进钾的吸收。下部叶表现为D4>D3>D2>D1，中、上部叶表现为D4>D2>D3>D1，说明施用苦豆草肥在一定程度上提高了烟叶钾含量，其中根灌肥有助于提高下部叶钾含量，而叶面肥对中上部烟叶钾含量的影响更明显。在氯含量方面，各部叶均表现为D1>D3>D4>D2，施用液肥处理的烟叶氯含量均低于对照，说明施用苦豆草肥有助于降低烟叶氯含量，D2处理的降氯效果更明显。各处理烤烟钾氯比存在差异，下部叶表现为D4>D2>D1>D3，中、上部叶表现为D2>D4>D3>D1，说明喷施叶面肥能够显著提高烟叶钾氯比，根灌肥在一定程度上有利于提高中、上部叶钾氯比，但对下部叶影响较小。说明施用苦豆草肥能够较明显地提高烟叶钾氯比，增强燃烧性。各处理间以D4效果最好，D2、D3间差异不明显。

4.淀粉含量

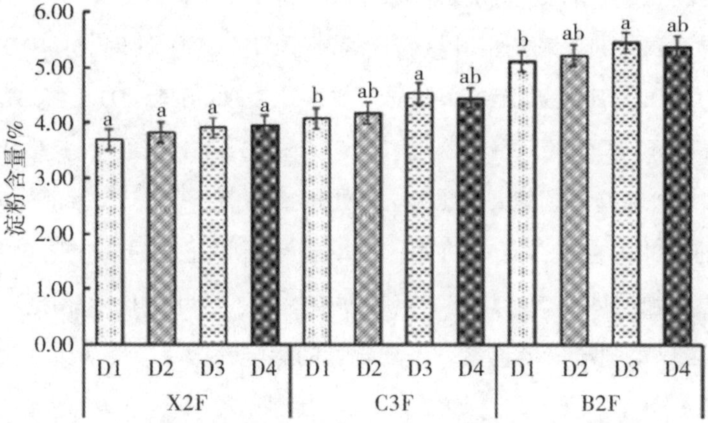

图5-46　不同处理烤后烟叶淀粉含量

如图5-46所示，D2~D4处理下部叶淀粉含量高于D1（CK）处理，但处理间差异不显著，中、上部叶淀粉含量均表现为D3>D4>D2>D1，其中D1与D3处理差异显著。施用苦豆草肥在一定程度上增加了烟叶淀粉含量，其中，根灌肥对烟叶淀粉含量的影响更明显。

5.不同处理烤后烟叶化学成分多重比较

表5-60　不同处理烤后烟叶化学成分

处理	总糖	还原糖	总氮	烟碱	钾	氯	淀粉	糖碱比	氮碱比	钾氯比
D1（CK）	30.04b	22.85c	2.54a	2.31a	1.27b	0.42a	3.91b	13.00b	1.10a	3.03c
D2	31.08ab	24.75b	2.20ab	2.05ab	1.54a	0.36ab	4.26ab	15.16ab	1.06a	4.28b
D3	32.54a	26.10a	2.24ab	2.09ab	1.35ab	0.39ab	4.76a	15.57ab	1.07a	3.46bc
D4	32.83a	26.45a	2.18b	1.93b	1.61a	0.31b	4.40ab	17.01a	1.13a	5.19a

由表5-60可知，D2~D4处理的烟叶总糖、还原糖含量均高于D1（CK）处理，D3、D4处理与D1处理差异显著，而D2与D3处理还原糖含量有显著差异。施用液肥处理的烟叶总氮及烟碱含量均低于对照，各处理间表现为D1（CK）>D3>D2>D4，且D1与D4处理差异显著。D2与D4处理的烟叶钾含量均显著高于D1（CK）处理，各处理间表现为D4>D2>D3>D1（CK）。D2~D4处理的烟叶氯含

量均低于D1（CK）处理，且D4与D1处理差异显著。施用液肥在一定程度上增加了烟叶淀粉含量，各处理间表现为D4>D3>D2>D1（CK），其中D4与D1处理有显著差异。D2~D4处理的烟叶糖碱比均高于D1（CK）处理，其中D4与D1处理差异显著，而D2与D3处理无显著差异。氮碱比表现为D4>D1（CK）>D3>D2，但处理间差异不显著。钾氯比表现为D4>D2>D3>D1（CK），其中D2、D4处理与D1（CK）处理差异显著，而D2与D1处理无显著差异。综合而言，叶面肥配施根灌肥处理的内在成分最为协调，而单施叶面肥处理的烟叶化学成分可用性好于单施根灌肥处理，二者均在一定程度上提高了烟叶的化学品质。

（七）苦豆草肥对烤烟色素、多酚含量的影响是微克

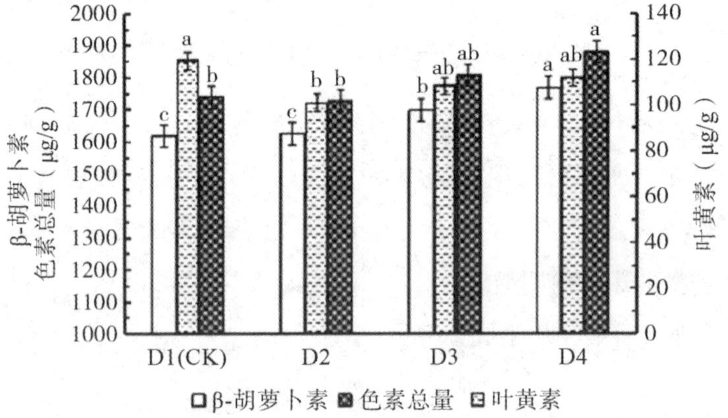

图5-47 不同处理烟叶色素含量

如图5-47所示，各处理烟叶β-胡萝卜素含量表现为D4>D3>D2>D1（CK），其中D1处理与D2处理无显著差异，D2与D3处理差异显著。施用苦豆草肥处理的烤烟叶黄素含量均低于对照，各处理间表现为D1>D4>D3>D2，且D1与D2处理差异显著。色素总量表现为D4>D3>D2>D1，且D1~D3处理间差异不显著，但D2与D4处理有显著差异。说明喷施苦豆草叶面肥能够提高烤烟叶黄素含量，而根灌肥对烟叶β-胡萝卜素含量有一定的提升作用。

表5-61　不同处理烤后烟叶多酚含量多重比较

处理	绿原酸（mg/g）	新绿原酸（mg/g）	咖啡酸（mg/g）	莨菪亭（mg/g）	芸香苷（mg/g）	山柰酚苷（mg/g）	总计（mg/g）
D1（CK）	14.12b	2.36a	0.17a	0.17b	11.11b	0.15a	28.08b
D2	14.48b	2.38a	0.15a	0.26a	11.39ab	0.15a	28.81ab
D3	14.34b	2.26a	0.18a	0.19b	11.17b	0.15a	28.29ab
D4	16.84a	2.10a	0.16a	0.28a	11.59a	0.14a	31.11a

如表5-61所示，施用苦豆草肥处理的烤后烟叶绿原酸含量有所增加，各处理间表现为D4＞D2＞D3＞D1，D4处理烟叶绿原酸含量与其他处理差异显著；新绿原酸为D4＞D1＞D3＞D2，各处理间差异不显著；咖啡酸和山柰酚苷含量各处理间差异较小，莨菪亭含量表现为D4＞D2＞D3＞D1，D2与D3处理差异显著，而D1与D2处理差异不显著；施用苦豆草肥处理的烟叶芸香苷含量较对照有所增加，各处理间表现为D4＞D2＞D3＞D1，D3与D1处理间差异不显著。多酚物质总量表现为D4＞D2＞D3＞D1（CK），说明喷施叶面肥能够增加烟叶多酚物质含量，且对绿原酸、莨菪亭和芸香苷的影响更明显，而根灌肥对多酚物质含量影响较小，叶面肥配施根灌肥能够显著增加烟叶多酚物质含量。

（八）苦豆草肥对烤烟外观质量的影响

表5-62　不同处理中上部烟叶外观质量

等级	处理编号	颜色	成熟度	叶片结构	身份	油分	光泽
C3F	D1（CK）	橘黄	成熟	疏松	稍薄	有	中
	D2	橘黄	完熟	疏松	稍薄	稍有	中
	D3	橘黄	完熟	疏松	中等	稍有	中
	D4	橘黄	完熟	疏松	中等	稍有	强
B2F	D1（CK）	橘黄	成熟	尚疏松	稍薄	稍有	中
	D2	橘黄	成熟	疏松	中等	有	强
	D3	橘黄	成熟	疏松	中等	稍有	中
	D4	橘黄	成熟	疏松	中等	有	强

烟叶外观质量是评价烟叶质量的重要指标，外观质量好的烟叶其内在化学成分也趋于协调，工业使用价值也比较高。如表5-62所示，中部叶方面，各处理烤后烟叶颜色无差异；D2~D4处理成熟度高于对照，说明施用苦豆草肥有利于促进烟叶落黄成熟；D3、D4处理烟叶身份高于D1、D2处理；D2~D4处理油分较对照少，可能与成熟度有关，过熟会对内在成分造成消耗，使烟叶油分减少；D4处理光泽最强，D1~D3处理间差异不明显。上部叶方面，各处理颜色和成熟度方面无明显差异，而施用液肥处理的烟叶结构均好于对照，且身份较高，D4处理油分较足，D3、D4处理光泽较好。综合而言D4处理外观质量比较突出，说明叶面肥能够提高中上部烟叶外观质量，增强可用性。

三、结论与讨论

施用苦豆草肥能够提高烤烟大田期农艺性状，其中D3处理团棵期长势好于D2处理，旺长期至成熟期D4处理性状最好，D2处理烟株性状优于D3处理，说明D3处理对烤烟前期生长有一定的影响，而D2处理对烟株生长中后期作用更明显。此外，D3、D4处理烟株、茎围显著高于对照，而D2处理对烟株茎围影响较小，可能由于灌施肥作用于烟株根部，促进了基部营养物质的吸收和茎部的干物质积累。施用苦豆草肥均不同程度提高了前中期烟叶SPAD值，而后期烟叶SPAD值均低于对照，D2处理对烟株的作用效果更明显，可能由于叶面肥直接作用于烟叶，其内含生物碱显著地刺激了烟叶叶绿素的合成，[85]从而有利于烟叶干物质积累，增加了烤烟产量。施用苦豆草肥在一定程度上降低了烤烟病虫害，其中根灌肥能够显著减少烤烟根结线虫病害的发生，而叶面肥可以降低烟叶气候性斑点感病率。

施用苦豆草肥能够提高烟叶物理性状，烟叶单叶重、密度较高，含梗率较低，其中D3处理中、下部叶单叶重及叶片密度均高于D2处理，而D2处理的上部叶单叶重及密度高于D3处理，可能由于烤烟生长后期经由叶片的吸收作用强于从土壤中吸收营养，因此喷施叶面肥在一定程度上改善了上部叶品质。D2~D4处理的烟叶平衡含水率均低于对照，可能由于叶片较常规烟叶结构更加致密，在一定程度上降低了烟叶的吸湿性。施用苦豆草肥能够提高烤烟产量，叶面肥、根灌肥和配施处理的烤烟产量分别较对照提高4.88%、6.70%和8.42%，上等烟比例分别提高4.63%、2.01%和5.41%。

施用苦豆草肥有助于提高烟叶双糖含量，其中喷施叶面肥对下部叶作用明显，而灌施肥对中上部叶双糖含量影响较显著，并一定程度上降低了两糖差。喷施叶面肥显著降低了烟叶总氮及烟碱含量，灌施肥在一定程度上也可降低烟叶总氮及烟碱含量，但对中上部叶效果不明显。喷施叶面肥能显著提高烟叶钾含量，根灌肥处理的下部叶氯离子含量与常规对照差异较小，但D4处理下部叶氯含量低于D1处理，中上部氯离子含量均低于常规对照，其中D2处理的降氯效果最明显；施用液肥处理的烟叶钾氯比均高于对照，D2处理的钾氯比高于D3处理，说明喷施叶面肥有助于提高烟叶钾含量，降低氯含量，提高钾氯比，有利于增强烟叶燃烧性，效果优于D3处理。施用液肥在一定程度上提高了烟叶淀粉含量，其中D2处理的下部叶淀粉含量高于其他处理，而D3处理对中上部叶的淀粉含量影响更明显。施用液肥显著增加了烟叶色素、多酚含量，其中D2处理对主要多酚物质含量有提高作用，而D3处理对烟叶色素影响更明显，叶面肥配施根灌肥显著增加了烟叶多酚、色素，有利于烟叶品质的提高。施用液肥能够提高中部叶成熟度，处理间以D4处理外观质量最好，色泽较强，身份较高，说明叶面肥配施根灌肥能够改善烟叶的外观，提高烟叶质量。

第六章　品牌导向烟叶生产技术体系

第一节　富源县营上基地单元生产技术体系

一、目的意义

为深入推进卷烟品牌导向的曲靖烟叶生产体系研究项目，紧紧围绕重点工业重点骨干品牌对优质特色烟叶的需求，实现“卷烟品牌”与“优质烟叶”定向、定区域、定量规范生产，建立工业企业基地单元生产技术体系，不断完善烟叶生产技术措施，为卷烟工业企业提供品牌对应的优质原料，特制定该基地单元生产技术体系。

二、烟叶质量要求

（一）外观质量

颜色金黄–橘黄，成熟度好，身份中等，结构疏松，油分好。

（二）内在质量

中部叶烟碱2%~3%，总糖25%~33%，还原糖22%~28%，糖碱比10~14，K_2O含量>1.8%，淀粉<5%，两糖差<4。

（三）评吸质量

清香型风格突出，香气细腻、飘逸，余味舒适，劲头适中，刺激性小，杂气轻微。

（四）安全性

注重农残和重金属含量，烟叶农药残留和重金属含量检测不超过国家烟草专卖局要求的标准。

三、生产技术措施

（一）管理措施

严格推行QTP组织管理模式，对烟农实行分组编码分类管理；严格按合同组织生产、收购。

（二）优化布局，科学规划

按照国家烟草专卖局提出的“532，461”品牌战略，根据湖南中烟工业有限责任公司“芙蓉王”“白沙”品牌“十二五”发展规划（“芙蓉王”品牌力争实现产值一千亿，销量160~170万箱；“白沙”品牌实现销量500万箱。双双进入“532，461”品牌战略产值与销量的第一方阵），按照“以烟为主、连片建设、合理利用、用养结合”的原则，确定富源县大河镇、营上镇、竹园镇作为湖南中烟工业有限责任公司“芙蓉王”“白沙”品牌原料营上基地单元，该基地单元的竹园镇作为湖南中烟工业有限责任公司“芙蓉王”“白沙”品牌原料生产基地。竹园镇共有10个栽烟村委会，该基地单元水利基础设施配套完善、烟农基础好、交通便利、土壤质地疏松、土壤pH值5.5~6.8。规划基本烟田面积5万亩，种植烤烟0.83万亩，户均种植18.1亩，收购烟叶2.4万担。按照“择优布局，连片种植，合理轮作”的原则，进行统一规划，优化布局，集中连片，每片面积不低于500亩，100%实行轮作。

（三）种植优良品种

依据湖南中烟工业有限责任公司“芙蓉王”“白沙”品牌的原料需求，结合当地情况，种植烤烟优良品种云烟97。

（四）商品化漂浮育苗（膜下移栽苗）

1．壮苗标准

个体标准：4叶1心，叶色绿；茎高3~5cm，茎色浅绿，有韧性，不易折断；根系发达；出苗后苗龄35~45d。

群体标准：壮苗率90%以上、整齐健壮无病、数量充足。

2．漂浮育苗技术要点

（1）物资准备

漂浮盘：325孔、162孔漂浮盘。

基质：使用曲靖市烟草公司指定供货商供应的基质。

专用苗肥：使用烤烟专用复合肥或专用苗肥。

两膜两网：使用曲靖市烟草公司指定供货商供应的两膜两网。

消毒剂：使用曲靖市烟草公司指定供货商供应的消毒剂（二氧化氯）。

（2）育苗场地选择

要求：背风向阳、地势高燥、无遮阴物、无污染，水源方便，排水顺畅，交通便利，容易平整。

禁止：在房前屋后、向阳迎风、地势低的水田或旱地，以及种过茄科作物或葫芦科作物的地块育苗。

（3）严格消毒

配制消毒液前，必须认真阅读产品使用说明书，严禁把水直接倾倒在消毒剂上（会引起爆炸），只能把消毒剂放入水中。

育苗场地、漂浮池、拱架消毒：装盘播种前5天，用推荐消毒剂（6%二氧化氯粉剂500倍液）对场地周围、漂浮池、拱架进行喷雾消毒1次。同时，喷施2.5%敌杀死1000倍液，防治虫害。

育苗大棚、中棚消毒：在播种前5天对大棚、中棚内部进行消毒，首先清除棚内杂物和杂草，再用推荐消毒剂（6%二氧化氯粉剂500倍液）进行喷雾，喷雾顺序由顶部分别向四侧自上而下进行，之后封闭大棚，播种前一天打开大棚两侧的门进行通风。

漂浮盘消毒：第一次使用的漂浮盘不带病菌，使用前不必消毒，但新盘在保管和使用过程中，要注意不要与土壤、粪肥等可能带菌、带毒的物体接触。使用过的漂浮盘可能带上病菌，必须进行清洗消毒，具体方法有两种：第一种是将旧漂浮盘放入装有消毒溶液（6%二氧化氯粉剂500倍液）的池子中用木板等工具把漂浮盘压入消毒液中（必须使漂浮盘完全浸没于消毒液中）浸泡5分钟后进行涮洗，浸泡后取出集中在干净地方晾干即可使用（此消毒法对旧盘的消毒较为彻底）；第二种是用推荐消毒剂（6%二氧化氯粉剂200倍液）对旧漂浮盘进行喷雾（漂浮盘里外药液淋滴为止）消毒后，用塑料薄膜覆盖熏蒸48小时，然后揭膜通风干燥，即可使用。

育苗器具消毒：在每项操作前，必须对育苗器具用推荐消毒剂（6%二氧化氯粉剂500倍液）进行喷雾消毒。

操作人员消毒：在每项育苗操作前，必须对操作人员的手或足底进行严格消毒。足底用1:500倍二氧化氯溶液或1:100倍漂白粉溶液放入足底消毒池，操作人员用肥皂洗手。

（4）规范化建棚

漂浮育苗可采用大棚、中棚、可拆移小棚和常规小棚进行育苗。大棚规格：长32m×宽32m×高4.8m（4跨8个池子），使用162孔漂浮盘可育500亩烟苗；中棚规格：长32m×宽8.2m×高4.8m（2个池子），使用162孔漂浮盘可育125亩烟苗；可拆移小棚规格：长6.7m×宽1.4m×高0.9m，使用325孔漂浮盘可育10亩烟苗。

（5）合理确定播种期

结合气候、管理水平，确定最佳移栽时间，以大田最佳移栽时间倒推计算播种时间，确保适龄壮苗移栽。每个育苗点播种分批次进行，实行梯度育苗，批与批之间间隔3~5天。要求：以宣威、会泽、沾益、富源上半县为代表的曲靖北部，出苗后苗龄40~45天，播种时间2月4日（立春）~15日；以麒麟、马龙、罗平北部为代表的曲靖中部，出苗后苗龄40天，播种时间2月10日~20日；以陆良、师宗、罗平中南部、富源下半县为代表的曲靖东南部，出苗后苗龄35~40天，播种时间2月15日~25日。严禁1月份播种。

（6）规范化播种

规范播种操作是培育壮苗的最重要环节，直接影响出苗质量、烟苗整齐度、炼苗的难易程度。特别是调节基质水分、装盘松紧度、压穴深度、播种质量、覆种质量等环节。严禁阴天播种，必须选择晴天。

①调节基质水分

装盘前，必须调节基质水分达40%~50%，即基质水分含量达到手捏能成团、落地自然散开为宜或装盘后放入漂浮池中5~10min保证全部孔穴吸水（对于595孔、81孔、325孔漂浮盘，在基质内包装袋没有破、基质水分没有散失的情况下，可以直接装盘；但162孔必须调节基质水分）。

②装盘（针对手工、简易播种器播种）

基质装盘松紧应适中。具体方法是将基质铺在盘上，铺满全部孔穴后用手轻拍盘侧3次或抬起盘离地面20~30cm自由下落2~3次，再铺上基质，刮去盘面上多余的基质即可。

③压穴

将装好基质的盘用压穴板压出种穴，严禁用手压穴。

④播种、补种

播种：装好基质的漂浮盘及时用播种器播入包衣种。

补种：专人对播种漏穴进行补种，然后轻扫盘面，使基质盖住种子，种子不能裸露。

⑤运盘、放盘

将播种后的盘及时轻轻放入漂浮池，避免漂浮盘放置时间过长，基质水分散失影响出苗。

⑥盖防虫网、盖遮阳网、盖膜

小棚拱好拱架后，及时盖防虫网和遮光率为70%~75%的遮阳网，最后盖上棚膜，窄埂一侧用细土压实固定，宽埂一侧和棚两头用“猪大肠”（用薄膜裹泥巴或沙子卷成长条形，俗称“猪大肠”）压实。

（7）管理技术

①温度管理

要求在播种后7天内不得揭膜通风。播种后第7天开始注意观察棚内气温，当棚内气温高于35℃时，小棚需采取揭膜、大棚需开启门窗通风降温，确保棚温控制在25~28℃。如果连续4~5天温度仍达不到通风要求，第6天中午必须通风1~2小时，降低膜内湿度和基质表面水分。严禁夜间和阴天通长风。

②水肥管理

水位管理：播种、出苗和小十字期漂浮池水深要求5~6cm，大十字期、生根期水深要求在10cm左右，成苗期水深要求距离池梗表面2~3cm。漂浮池中加入自来水、流动的河流水、水库水、水井水等洁净的水；禁止使用水塘、水坑、水沟等处不流动、不洁净的水，这些地方的水带有病菌，会感染烟苗。注意观察漂浮液是否清澈，如漂浮液变混浊、发臭，及时换水、加肥；如漂浮液泄漏，应及时换膜、加水、加肥；漂浮液正常变浅时，及时补充清水。

肥料管理：培育膜下壮苗分两次施肥，第一次在播种时进行，要求肥水浓度150~200ppm，按施用$N:P_2O_5:K2O=15:15:15$的烤烟专用复合肥或漂浮育苗专用肥料计算，大棚（中棚）5.1~6.1kg/每池，常规小棚0.35~0.42kg/每池，可拆移小棚0.47~0.56kg/每池（含氮、磷量不是15%的复合肥，按照漂浮液要求浓度，进行相应换算）；第二次在大十字期进行，要求肥水浓度250ppm，按施用$N:P_2O_5:K_2O=15:15:15$的烤烟专用复合肥或漂浮育苗专用肥料计算，大棚（中棚）15.5kg/每池，常规小棚1.1kg/每池，可拆移小棚1.4kg/每池（含氮、磷量不是15%的复合肥，按照漂浮液要求浓度，进行相应换算）。

注意事项：施肥不要施在盘面上和烟苗上，以免烧苗；缺磷选择阴天或晴天露水干后喷施0.2%~0.3%钙镁磷肥1次；缺硼选择阴天或晴天露水干后喷施0.1%~0.25%硼砂液1次；缺镁选择阴天或晴天露水干后喷施0.1%~0.2%钙镁磷肥1次；缺铁选择阴天或晴天露水干后用0.5%硫酸亚铁溶液喷雾1次。

③间苗、定苗管理

当烟苗100%进入小十字期（棚内70%~80%烟苗最大叶达1cm左右）后，开始进行间苗补苗，间除大、小苗，保留中等苗，每穴留苗1株，缺苗处用盘中多余苗或预备苗补上。

④遮阳网管理

间苗、补苗后盖上遮阳网，5~7天后补上的苗已还苗，逐步揭去遮阳网，增加光照，促进烟苗生长。

⑤炼苗管理

移栽前5~7天开始炼苗，炼苗方法：低温或雨天除外，白天揭去拱膜全天炼苗，晚上盖膜保温，严防倒春寒冻伤烟苗。在有水的地方，将水升至距池埂面2~3cm处，使漂浮盘一半露出池埂，有利于通风炼苗；无水的地方，加强剪叶，同时去除老叶、黄叶，有利于裸露茎杆进行炼苗。

⑥病虫害防治

小十字期前：主要是预防烟草猝倒病的发生危害，可选用58%甲霜灵·锰锌可湿性粉剂500倍液等杀菌剂从烟苗叶面向根茎部喷淋1次，以育苗基质0.5cm潮湿为宜。

小十字期：主要预防烟草烂根病的发生和藻类的滋生，可在漂浮液中均匀加入硫酸铜，浓度为0.2%。

大十字期：主要预防烟草花叶病、缺素症和野蛞蝓的发生危害。具体方法：第一次剪叶前3天，叶面喷施24%混脂·硫酸铜水乳剂900倍液等抗病毒剂1次，预防烟草花叶病的发生。大十字期是野蛞蝓发生危害的高峰期，可用6%四聚乙醛颗粒剂（50粒/m^2）撒施于漂浮盘上，漂浮池外用生石灰围圈，清晨或傍晚拉开池膜人工捕杀。如出现缺铁症，可用0.5%硫酸亚铁溶液叶面喷雾1次。如出现缺硼症和缺镁症，应选择阴天或晴天露水干后根外喷施0.1%~0.25%硼砂溶液和0.1%~0.2%钙镁磷肥溶液。

生根期（猫耳期）：主要预防烟草花叶病、野火病、炭疽病、黑胫病、根黑腐病和蚜虫的发生危害。这一时期是病虫害防治的关键时期，每天要认真观察病虫害的发生情况。在第二次剪叶前3天，叶面喷施24%混脂·硫酸铜水乳剂900倍液等抗病毒剂1次，预防烟草花叶病的发生危害。第二次剪叶后1天，叶面喷施72%硫酸链霉素可溶粉剂4000倍液等杀菌剂1次，预防烟草野火病的发生危害。若出现烟草炭疽病的危害，可叶面喷雾80%代森锌可湿性粉剂600倍液等杀菌剂1~2次，每次间隔7~10天。若出现烟草黑胫病或根黑腐病的危害，可选用58%甲霜·锰锌可湿性粉剂500倍液等杀菌剂叶面喷淋1次。

若出现蚜虫危害，及时覆盖防虫网，并叶面喷施200g/L吡虫啉可溶液剂4000倍液等推荐使用的杀虫剂1~2次，每次间隔15~20天。

成苗期：主要预防烟草花叶病、野火病、炭疽病、黑胫病、根黑腐病和蚜虫的发生危害。第三次剪叶前3天和移栽前3天，叶面喷施24%混脂·硫酸铜水乳剂900倍液等抗病毒剂各1次，预防烟草花叶病的发生危害。第三次剪叶后1天，叶面喷施72%硫酸链霉素可溶粉剂4000倍液等杀菌剂1次，预防烟草野火病的发生危害。在大田移栽前3~5天，直接将20%噁霉·稻瘟灵乳油多点式地施入育苗池营养液内，每30个盘的育苗池施用量为30mL，确保烟苗带药移栽，预防烟草黑胫病或根黑腐病的发生危害。若出现其他病虫害的发生危害，可参照生根期的防治办法及时防治。

（8）注意事项

①播种期：以大田移栽时间倒推计算确定播种时间，确保出苗到移栽的时间在35~45天，禁止1月份播种。

②选种：必须使用烟草公司统一供应的包衣种。

③播种必须在晴天，并进行晒水处理，禁止在低温阴天播种。

④间苗、定苗后盖上遮阳网，5~7天后补上的苗已还苗，揭去遮阳网，增加光照，促进烟苗快速生长。

（五）土壤改良

通过推行以绿肥种植翻压、农家肥堆捂施用、增施有机肥等为主要措施的土壤改良措施，改善土壤物理化学性状，增强土壤肥力，保障基地烟叶生产。

1．通过轮作改良植烟土壤。建立以烟叶生产为重点的合理的耕作制度，合理配置轮作周期内各种作物的种类，进行土壤养分统筹。

2．提前预整地，进行土壤深耕晒垡。通过提前预整地，有利于加速有机质矿化，提高土壤肥力；有利于清除病原残体，杀死虫卵，减轻病虫害发生

3．前作增施有机肥。

（1）土壤有机质在2%以下的田块，每公顷施用15000kg充分腐熟的无菌农家肥；

（2）土壤有机质在2%~3%之间的田块，每公顷施用7500~15000kg充分腐熟的无菌农家肥；

（3）土壤有机质在3%以上的田块，每公顷施用7500kg充分腐熟的无菌农家肥。

4．种植绿肥改良土壤。

种植绿肥方式：单作绿肥。即在同一耕地上仅种植一种绿肥作物，而不同时种植其他作物。如在开荒地上先种一季或一年绿肥作物，以便增加肥料，增加土壤有机质，以利于后作。种植绿肥应注意它的特性：一是注意绿肥作物的生长期和抗逆能力，以及对土壤条件的要求；二是开好排灌沟；三是冬季绿肥宜在10月播种；四是种绿肥作物也要施一定的肥料；五是做好绿肥作物留种工

作。绿肥翻压方法：先将绿肥茎叶切成10~20cm长，然后撒在地面或施在沟里，随后翻耕入土壤中，一般入土10~20cm深，砂质土可深些，黏质土可浅些。

（六）推行机械深耕，做好整地理墒工作

1. 整地：冬耕宜深，耕而不耙，以利于更好地积蓄雨雪，促进土壤风化。春耕是在春节后及时浅耕并耙平，以防跑墒。

2. 理墒要求：在4月20日前完成整地理墒工作。规格质量：深耕（地烟深度25cm以上，田烟深度在30cm以上），细整（土块细碎均匀），高理墒（墒间距120cm，地烟墒高25cm以上，田烟墒高30cm以上，墒面宽35~40cm，墒底宽80~90cm，墒面平直）。

3. 机械作业质量要求：（1）耕深细耙：一般烟田地采用一耕二耙，根据烤烟栽培技术要求，经过犁耙后的烟田地，耕深≥300mm ± 20mm，耕作层内土壤细碎，地面平整；（2）耕幅：耕幅一致，实际幅宽误差为 ± 20mm；（3）重耕率：重耕率≤10%；（4）漏耕率：漏耕率≤5%；（5）耕面平整度：10m长度内，地表平整度≤200mm（根据地形地貌情况，丘陵地和坡地不计）；（6）残株杂草覆盖率>90%。

（七）规范移栽规格，集中移栽

1. 移栽时间：根据当地气候条件、耕作制度和品种特性等，一般要求4月15日至4月30日集中移栽结束。每个示范片三天内集中移栽结束。

2. 移栽要求：

（1）100%无病壮苗移栽；

（2）移栽规格：120m × 50m，亩栽1100株；

（3）栽后墒高：田烟25cm以上，地烟20cm以上；

（4）栽成灯盏塘：即烟株周围的土壤表面应比垄面略低，呈灯盏形；

（5）细土深栽：通过深栽以增加一级侧根数，移栽时，穴（塘）内的湿土应松软细碎，土、肥应拌匀。烟苗不能栽在肥料上，否则将造成烟苗死亡或延迟成活；

（6）环状施肥：在理墒打塘后，以塘心为中心，把无机肥均匀地撒于塘心周围，然后与土拌匀；

（7）及时覆盖地膜，减少土壤水分蒸发散失；

（8）抗旱保苗，保证全苗：烟苗移栽结束后最好在接下来的3天傍晚连续喷洒适量水分，有利于提高漂浮育苗移栽成活率，缩短还苗期。

3．抗旱移栽技术：

（1）认真落实培育壮苗技术，提高烟苗抗旱能力；

（2）推行明水深栽技术。移栽时，在穴内水尚未完全下渗时将烟苗栽入穴内，覆土后轻压土壤，浇水1~1.5kg，再用细土覆盖在浸湿之处，以避免土表板结；

（3）认真落实科学施肥技术；

（4）认真落实地膜覆盖技术。及时覆膜压实，在烟苗上方划开地膜，掏出烟苗，将四周的地膜及开口处用细土压紧封严；

（5）认真落实保水理墒技术。严格按照机械作业质量要求，保证烟田耕翻深度控制在25cm左右，以打破犁底层，增加土壤的保水保墒能力。

（八）测土配方平衡施肥

1．实行测土配方施肥：移栽前对土壤进行测土化验，根据土壤分析结果，结合往年施肥经验，科学制订配方施肥方案。

2．施肥原则：

（1）施肥比例：N:P:K比例为1:2:2。控制氮肥用量，配施磷肥，增施钾肥，补施微肥。

（2）“四看两定”施肥。坚持有机与无机混合的原则，坚持基肥与追肥结合的原则。做到“四看两定”施肥，四看：看热量和雨量条件、看土壤条件、看品种特性、烟株营养状况；两定：定量到株，定适宜的施肥次数、比例、时间及方法。坚持“测土配方，平衡施肥”的原则。

（3）增施农家肥。增加施用农家肥改良土壤、培肥地力，提高土壤的通透性、保水性。

（4）分类处理，分区施肥。结合烟农经验及土地扰动的情况分类确定纯氮范围，再根据地块土层厚度、肥力情况、前作等因素确定具体的纯氮用量。

3．施肥量：

栽种品种为云烟97，土地整形扰动不大，根据市局（公司）土壤化学成分检验报告，建议亩施纯氮6~7kg，具体施用量见表6-1。

表6-1 施肥建议

肥料种类	肥料用量（kg/亩）		
	纯氮6kg	纯氮6.5kg	纯氮7kg
无机复合肥	32	35	39
硝酸钾	9	10	11
普钙（或钙镁磷肥）	65、87	70、94	75、100

4. 施肥方法

各示范点全部采用专业施肥队进行施肥，采用基肥和追肥相结合的施肥方法，建议在生产中应用下列两种施肥方法：

（1）全部农家肥、无机复合肥、60%硝酸钾和全部磷肥塘施，剩余硝酸钾肥在移栽后7~25天内兑水追施。

（2）全部农家肥塘施，全部无机复合肥、磷肥和60%硝酸钾拌匀后环状施用，剩余硝酸钾肥在移栽后7~25天内兑水追施。

5. 施肥步骤：

（1）全部无机复合肥、60%硝酸钾拌匀后作为基肥由专业施肥队条施。

（2）农家肥、磷肥每塘200~300g混匀后由农户自行施用。

（九）中耕管理

1. 查缺补苗：补栽缺苗应及时，一般移栽后7~10天内将缺苗补齐。对补栽的烟苗，要选老壮苗，补苗前要先消除造成缺苗的因素（如虫害或肥害等），然后补栽新烟苗。对于新补烟苗要进行偏管，注意追肥浇水，促进其加快生长，赶上早栽烟苗，保证烟田植株整齐一致。

2. 中耕除草：中耕做到“墒无杂草、沟无积水”。要进行三次中耕除草。

3. 揭膜提沟培土。揭膜时机：团棵后开始进入旺长阶段，具体指标为10个叶片左右，株高20~25cm，时间为正常生长的烟株移栽后35~45天。

操作要点：四道工序：揭膜–中耕除草–（浇水）–提沟培土。

注意事项：揭膜的主要条件。要做到三看：一看地温，地表温度晴天稳定在28℃以上；二看烟株长势，烟株达到团棵开始进入旺长（10个叶片左右，株高20~25cm，时间掌握在移栽后35~45天）；三看节令，在雨季开始时揭膜有利于烟田对雨水的吸收。

4．水分管理：还苗期必须浇足定根水，并保持土壤的湿润，一般每隔3~5天浇一次水。伸根期要适当控水，以促进根系生长。旺长期必须保证供给烟株充足的水分，若遇雨水过多，则应及时开沟排水，此时期应保持土壤含水量达田间最大持水量的80%左右。成熟期烟株耗水量不大，应适当控制水分，促进叶片成熟。

5．封顶打杈：封顶要求见花封顶，根据烟株长势进行分类指导，适时封顶，合理留叶。确保封顶后有效采烤叶数在20~24片。抹去烟株上大于2cm以上的烟杈。推广使用“抑芽剂”进行化学抑芽。

（十）病虫害综合防治

1．防治原则：认真贯彻“预防为主，综合防治”的植保方针。

2．防治对象：

（1）苗期：烟草黑茎病、根黑腐病、猝倒病、野火病、炭疽病、花叶病、烟蚜和野蛞蝓。

（2）大田期：烟草黑茎病、野火病、炭疽病、赤星病、花叶病、烟蚜、烟青虫、斜纹夜蛾、金龟甲和小地老虎。

3．综合防治措施：坚持以农业防治为基础，积极推行物理防治。严格进行统防统治，重点做好野火病、赤星病、花叶病、黑胫病、白粉病、蚜虫、烟青虫等主要病虫害的防治工作。

（十一）成熟采收

下部叶适时采收，中部叶成熟采收，顶部4~6片叶充分成熟后集中一次采收。严格实行“准采证”制，下部叶采收后停10天左右采收中部叶，中部叶采收后停10天左右采收上二棚叶。减少每株采烤次数，增加每次采收叶数，提高烘烤质量，降低烘烤成本。

（十二）科学烘烤

1．密集烤房配套烘烤工艺技术要求

（1）编烟要求与方法：编烟在阴凉处进行，避免日晒。每竿编烟数量应根据烟叶部位、大小、含水量等灵活掌握，3台烤房每竿编烟6~7kg，编烟要求叶基对齐，叶背相靠，编扣牢固，撮间距离均匀一致。

（2）装烟密度：下部叶含水量较多，竿距在11cm以上，中部叶9~10cm，上部叶8~9cm。一般卧式密集烤房装烟400~480竿。

2. 卧式密集烤房烟叶调制技术

（1）烘烤操作原则：用烤烟温湿度监控仪（自控仪）结合烤烟三段式烘烤工艺要求实施烘烤操作。烤烟温湿度监控仪（自控仪）要按照其说明书安装使用。

（2）正常的烘烤操作：装烟完成后，关闭装烟门、进气口，及时点火，并按烘烤工艺要求控制烤房温湿度。

（3）变黄阶段：

①烟叶变化要求：下部叶变黄程度达八成黄；中、上部叶变黄程度达九至十成黄，且叶片凋萎，主脉变软、勾尖卷边。

②干球温度和湿球温度控制

点火后，将烤房温度提高到35℃左右，保持湿球温度在33~34℃，经若干小时使叶尖变黄后，将干球温度以每2h1℃升至38℃，稳温延长时间，控制湿球温度在34~36℃，使烟叶大量变黄，达到底层烟叶有80%左右黄片青筋，即烟筋和烟筋两边呈青色、叶基部微带青色，其余均为黄色。同时叶片发软，主脉部分发软。之后再升温到41~42℃，保持湿球温度在36~37℃，使底层全部烟叶和二层部分烟叶达到既变黄又变软的要求。

③风机操作：风机一般间歇运转，每开30~60min停机3~4h。

④注意事项：若烟叶变黄不够，要保温保湿延长变黄时间，使烟叶完成变黄；若烟叶失水不够，在干球温度不变的前提下，可适当降低湿球温度，进行排湿。

（4）定色阶段：

①烟叶变化要求：挂温度计的那一层叶片干燥。

②干球温度控制：干球温度以2~3h1℃的升温速度升至54℃。若烟叶失水慢

或烟筋变黄慢，必须在45~48℃稳温延长时间，使烟筋实现变黄，部分烟叶达到小卷筒。然后再以1~2h1℃的速度升温至54~55℃，稳温至叶片完成干燥。

③湿球温度控制：随干球温度上升，湿球温度逐步上升且稳定在37~39℃。

④风机操作：风机一般间歇运转，每开3~4h停机30min左右。

⑤注意事项：烧火要不断加大，升温要准确无误，排湿口开启要根据湿球温度高低灵活调整，定色过程要谨防湿球温度超过40℃或忽高忽低。

（5）干筋阶段

①烟叶变化要求：全部烟叶主脉干燥

②干球温度控制：以每小时1℃的速度由55℃升温到67~68℃保持稳定，直到烟叶完全干燥。

③湿球温度控制：湿球温度稳定在40~43℃至烘烤结束。

④风机操作：风机一般长时间运转。

⑤注意事项：干球温度达到60℃之后，以湿球温度不超过43℃为准，逐渐关小进风门。

（十三）加强管理，严格控制非烟物质

非烟物质包括三大类，一是有机物类，包括植物茎杆、杂草、树皮、秸杆、皮革、皮毛、昆虫、毛发等；二是无机物类，包括绳类、纺织品、石头、金属（如螺丝、铁钉、针等）、玻璃（灯泡碎片、碎玻璃瓶等）；三是人工合成物类，包括聚乙烯（如塑料薄膜、塑料包装物等）、聚丙烯（如化肥包装袋、尼龙、橡胶制品、香烟滤咀、玻璃纤维、泡沫塑料等）。此外，各种油类、化妆品等也可能造成烟叶污染和异味。

1．移栽前必须把大田里的废弃薄膜、烟株残体全部清理干净，保持植烟土壤卫生。田间道路、水沟保持干净、通畅。农药袋、农药瓶、包装袋等集中收集，统一销毁。

2．建立烟株残体处理池，将烟花、烟杈和废弃烟叶等非烟物质集中统一处理。

3．保持烟农家中、院子干净整洁；烟农生活垃圾统一堆放处理，避免与烟叶混杂；农家肥统一堆放；树枝、稻草等杂物堆放整齐。

4. 采后烟叶统一摆放，编烟环境干净整洁，杜绝非烟物质出现；编烟时统一采用麻线编烟，烟叶残体及时清理；烤后烟叶下杆后，收好麻线，防止麻线混入烟叶。

5. 烤房周围保持干净。煤炭统一堆放，煤灰及时处理，烤房内保持密封、干净，防止烟叶污染。

6. 堆放烤后烟叶的房屋要干净、干燥、避风、不漏雨，烟叶不受阳光直射。烟堆四周和上下外层用8μm以上厚的新薄膜覆盖，内层用干净麻片盖、垫，严防编织袋、薄膜等非烟物质混入。

7. 预检合格烟叶统一用麻片包装。

（十四）烟叶收购和调拨

积极推行专业化分级，100%实行聚约式烟叶收购模式。加强初分预检工作和内部管理，提高烟叶纯度。烟叶单独收购，在调拨计划范围内的烟叶原则上调拨给对口卷烟工业企业。

四、生产技术培训要求

为了提高技术人员和烟农的烟叶生产技术水平，采取现场培训会、技术专题讲座、印发技术资料、座谈会等多种形式对示范区广大烟农、基层干部进行漂浮育苗技术、预整地技术、平衡施肥技术、移栽及中耕管理技术、病虫害综合防治技术、封顶打杈和化学抑芽技术、成熟采收和科学烘烤技术、分级扎把技术等各技术环节的培训，把烟叶标准化生产技术实施标准传授给烟农，并在具体实施中进行技术人员的巡回指导。做好技术培训的详细记录。

第二节 马龙县大庄基地单元生产技术体系

一、目的意义

为积极稳妥地推进马龙分公司与湖南中烟工业有限责任公司、湖南农业大学开展卷烟品牌导向的曲靖烟叶生产体系项目的研究，根据湖南中烟工业有限责任公司骨干卷烟品牌对马龙烟叶原料的需求，围绕突出烟叶风格特色和品牌原料基地化建设，逐步形成重点卷烟骨干品牌特色优质烟叶生产技术标准体系，满足卷烟品牌对烟叶原料个性化需求，稳定烟叶特色，确保烟叶原料供应的稳定性。

二、烟叶质量要求

（一）外观质量

具有好的成熟度，颜色金黄—橘黄，油分足，弹性好。

（二）内在质量

各项指标在适宜范围内，化学成分均衡协调。其中，烟碱含量1.5%~3.5%（下部叶1.5%~2.2%、中部叶2.2%~2.6%、上部叶2.8%~3.5%），还原糖24%~28%，总糖28%~32%，淀粉含量5%以下，氧化钾含量2%以上，氯离子含量0.3%~0.8%。

（三）评吸质量

香气风格突出，香气量足，香气质优，劲头适中，刺激性小，余味较干净，无明显不良杂气，回甜感强。

（四）安全性

烟叶中的农药残留量不超过国家规定的农药残留标准。

三、生产技术措施

（一）管理措施

严格推行QTP组织管理模式，按合同组织生产、收购。整县推进现代烟草农业建设，推进烟叶生产从传统农业向现代农业转变。积极探索烤烟种植大户、家庭农场和合作社等三种烤烟生产组织形式，将烟叶种植由分散型向聚约型转变，提高户均种烟面积。加大专业化服务体系的建立，发展育苗、农机、植保、烘烤、分级和运输等6个专业服务队，提高烤烟生产专业化服务水平，实现烟农减工增效。

（二）优化布局，科学规划

根据湖南中烟工业有限责任公司“芙蓉王”品牌发展规划，按照“以烟为主、连片建设、合理利用、用养结合”的原则，确定马龙县（市）区大庄乡作为湖南中烟工业有限责任公司原料基地单元。大庄乡共6个栽烟村委会，该基地单元水利基础设施配套完善、烟农基础好、交通便利、土壤质地疏松、土壤pH值4.6~6，规划基本烟田面积3.44万亩，种植烤烟1.18万亩，户均种植44.3亩，收购烟叶4万担。按照“择优布局，连片种植，合理轮作”的原则，进行统一规划，优化布局，集中连片，每片面积不低于500亩，100%实行轮作。

（三）种植优良品种

依据湖南中烟工业有限责任公司“芙蓉王”品牌的原料需求及一个基地单元只种植一个品种的要求，结合当地情况，种植烤烟优良品种云烟97。

（四）商品化漂浮育苗（膜下移栽苗）

1．壮苗标准

个体标准：4叶1心，叶色绿；茎高3~5cm，茎色浅绿，有韧性，不易折断；根系发达；出苗后苗龄35~45天。

群体标准：壮苗率90%以上、整齐健壮无病、数量充足。

2．漂浮育苗技术要点

（1）物资准备

漂浮盘：325孔、162孔漂浮盘。

基质：使用曲靖市烟草公司指定供货商供应的基质。

专用苗肥：使用烤烟专用复合肥或专用苗肥。

两膜两网：使用曲靖市烟草公司指定供货商供应的两膜两网。

消毒剂：使用曲靖市烟草公司指定供货商供应的消毒剂（二氧化氯）。

（2）育苗场地选择

要求：背风向阳，地势较高、干燥，无遮阴物，无污染，水源方便，排水顺畅，交通便利，容易平整。禁止：在房前屋后、向阳迎风、地势低的水田或旱地，以及种过茄科作物或葫芦科作物的地块育苗。

（3）严格消毒

配制消毒液前，必须认真阅读产品使用说明书，严禁把水直接倾倒在消毒剂上（会引取爆炸），只能把消毒剂放入水中。

育苗场地、漂浮池、拱架消毒：装盘播种前5天，用推荐消毒剂（6%二氧化氯粉剂500倍液）对场地周围、漂浮池、拱架进行喷雾消毒1次。同时，喷施2.5%敌杀死1000倍液，防治虫害。

育苗大棚、中棚消毒：在播种前5天对大棚、中棚内部进行消毒，首先清除棚内杂物和杂草，再用推荐消毒剂（6%二氧化氯粉剂500倍液）进行喷雾，喷雾顺序由顶部分别向四侧自上而下进行，之后封闭大棚，播种前一天打开大棚两侧的门进行通风。

漂浮盘消毒：第一次使用的漂浮盘不带病菌，使用前不必消毒，但新盘在保管和使用过程中，要注意不要与土壤、粪肥等可能带菌、带毒的物体接触。使用过的漂浮盘可能带上病菌，必须进行清洗消毒，具体方法有两种：第一种是将旧漂浮盘放入装有消毒溶液（6%二氧化氯粉剂500倍液）的池子中用木板等工具把漂浮盘压入消毒液中（必须使漂浮盘完全浸没于消毒液中）浸泡5分钟后进行涮洗，浸泡后取出集中在干净地方晾干即可使用（此消毒法对旧盘的消毒较为彻底）；第二种是用推荐消毒剂（6%二氧化氯粉剂200倍液）对旧漂浮盘进行喷雾（漂浮盘里外药液淋滴为止）消毒后，用塑料薄膜覆盖熏煮48小时，然后揭膜通风干燥，即可使用。

育苗器具消毒：在每项操作前，必须对育苗器具用推荐消毒剂（6%二氧化氯粉剂500倍液）进行喷雾消毒。

操作人员消毒：在每项育苗操作前，必须对操作人员的手或足底进行严格消毒。足底用1:500倍二氧化氯溶液或1:100倍漂白粉溶液放入足底消毒池，操作人员用肥皂洗手。

（4）规范化建棚

漂浮育苗可采用大棚、中棚、可拆移小棚和常规小棚进行育苗。大棚规格：长32m×宽32m×高4.8m（4跨8个池子），使用162孔漂浮盘可育500亩烟苗；中棚规格：长32m×宽8.2m×高4.8m（2个池子），使用162孔漂浮盘可育125亩烟苗；可拆移小棚规格：长6.7m×宽1.4m×高0.9m，使用325孔漂浮盘可育10亩烟苗。

（5）合理确定播种期

结合气候、管理水平，确定最佳移栽时间，以大田最佳移栽时间倒推计算播种时间，确保适龄壮苗移栽。每个育苗点播种分批次进行，实行梯度育苗，批与批之间间隔3~5天。要求：以宣威、会泽、沾益、富源上半县为代表的曲靖北部，出苗后苗龄40~45天，播种时间2月4日（立春）~15日；以麒麟、马龙、罗平北部为代表的曲靖中部，出苗后苗龄40天，播种时间2月10日~20日；以陆良、师宗、罗平中南部、富源下半县为代表曲靖的东南部，出苗后苗龄35~40天，播种时间2月15日~25日。严禁1月份播种。

（6）规范化播种

规范播种操作是培育壮苗的最重要环节，直接影响出苗质量、烟苗整齐度、炼苗的难易程度。特别是调节基质水分、装盘松紧度、压穴深度、播种质量、覆种质量等环节。严禁阴天播种，必须选择晴天。

①调节基质水分

装盘前，必须调节基质水分达40%~50%，即基质水分含量达到手捏能成团、落地自然散开为宜或装盘后放入漂浮池中5~10min保证全部孔穴吸水（对于595孔、81孔、325孔漂浮盘，在基质内包装袋没有破、基质水分没有散失的情况下，可以直接装盘；但162孔必须调节基质水分）。

②装盘（针对手工、简易播种器播种）

基质装盘松紧应适中。具体方法是将基质铺在盘上，铺满全部孔穴后用手轻拍盘侧3次或抬起盘离地面20~30cm自由下落2~3次，再铺上基质，刮去盘面上多余的基质即可。

③压穴

将装好基质的盘用压穴板压出种穴，严禁用手压穴。

④播种、补种

播种：装好基质的漂浮盘及时用播种器播入包衣种。

补种：专人对播种漏穴进行补种，然后轻扫盘面，使基质盖住种子，种子不能裸露。

⑤运盘、放盘

将播种后的盘及时轻轻放入漂浮池，避免漂浮盘放置时间过长，基质水分散失影响出苗。

⑥盖防虫网、盖遮阳网、盖膜

小棚拱好拱架后，及时盖防虫网和遮光率为70%~75%的遮阳网，最后盖上棚膜，窄埂一侧用细土压实固定，宽埂一侧和棚两头用“猪大肠”（用薄膜裹泥巴或沙子卷成长条形，俗称“猪大肠”）压实。

（7）管理技术

①温度管理

要求在播种后7天内不得揭膜通风。播种后第7天开始注意观察棚内气温，当棚内气温高于35℃时，小棚需采取揭膜、大棚需开启门窗通风降温，确保棚温控制在25~28℃。如果连续4~5天温度仍达不到通风要求，第6天中午必须通风1~2h，降低膜内湿度和基质表面水分。严禁夜间和阴天通长风。

②水肥管理

水位管理：播种、出苗和小十字期漂浮池水深要求5~6cm，大十字期、生根期水深要求10cm左右，成苗期水深要求距离池梗表面2~3cm。漂浮池中加入自来水、流动的河流水、水库水、水井水等洁净的水，禁止使用水塘、水坑、水沟等处不流动、不洁净的水，这些地方的水带有病菌，会感染烟苗。注意观察漂浮液是否清澈，如漂浮液变混浊、发臭，及时换水、加肥；如漂浮液泄漏，应及时换膜、加水、加肥；漂浮液正常变浅时，及时补充清水。

肥料管理：培育膜下壮苗分两次施肥，第一次在播种时进行，要求肥水浓度150~200ppm，按施用$N:P_2O_5:K_2O$=15:15:15的烤烟专用复合肥或漂浮育苗专用肥料计算，大棚（中棚）5.1~6.1kg/每池，常规小棚0.35~0.42kg/每池，可拆移小棚0.47~0.56kg/每池（含氮、磷量不是15%的复合肥，按照漂浮液要求浓度，进行相应换算）；第二次在大十字期进行，要求肥水浓度250ppm，按施用$N:P_2O_5:K_2O$=15:15:15的烤烟专用复合肥或漂浮育苗专用肥料计算，大棚（中棚）15.5kg/每池，常规小棚1.1kg/每池，可拆移小棚1.4kg/每池（含氮、磷量不是15%的复合肥，按照漂浮液要求浓度，进行相应换算）。注意事项：施肥不要施在盘面上和烟苗上，以免烧苗；缺磷选择阴天或晴天露水干后喷施0.2%~0.3%

钙镁磷肥1次；缺硼选择阴天或晴天露水干后喷施0.1%~0.25%硼砂液1次；缺镁选择阴天或晴天露水干后喷施0.1%~0.2%钙镁磷肥1次；缺铁选择阴天或晴天露水干后用0.5%硫酸亚铁溶液喷雾1次。

③间苗、定苗管理

当烟苗100%进入小十字期（棚内70%~80%烟苗最大叶达1cm左右）后，开始进行间苗补苗，间除大、小苗，保留中等苗，每穴留苗1株，缺苗处用盘中多余苗或预备苗补上。

④遮阳网管理

间苗、补苗后盖上遮阳网，5~7天后补上的苗已还苗，逐步揭去遮阳网，增加光照，促进烟苗生长。

⑤炼苗管理

移栽前5~7天开始炼苗。炼苗方法：低温或雨天除外，白天揭去拱膜全天炼苗，晚上盖膜保温，严防倒春寒冻伤烟苗。在有水的地方，将水升至距池埂面2~3cm处，使漂浮盘一半露出池埂，有利于通风炼苗；在无水的地方，加强剪叶，同时去除老叶、黄叶，有利于裸露茎杆进行炼苗。

⑥病虫害防治

小十字期前：主要是预防烟草猝倒病的发生危害，可选用58%甲霜灵·锰锌可湿性粉剂500倍液等杀菌剂从烟苗叶面向根茎部喷淋1次，以育苗基质0.5cm潮湿为宜。

小十字期：主要预防烟草烂根病的发生和藻类的滋生，可在漂浮液中均匀加入硫酸铜，浓度为0.2%。

大十字期：主要预防烟草花叶病、缺素症和野蛞蝓的发生危害。具体方法：第一次剪叶前3天，叶面喷施24%混脂·硫酸铜水乳剂900倍液等抗病毒剂1次，预防烟草花叶病的发生。大十字期是野蛞蝓发生危害的高峰期，可用6%四聚乙醛颗粒剂（50粒/m^2）撒施于漂浮盘上，漂浮池外用生石灰围圈，清晨或傍晚拉开池膜人工捕杀。如出现缺铁症，可用0.5%硫酸亚铁溶液叶面喷雾1次。如出现缺硼症和缺镁症，应选择阴天或晴天露水干后根外喷施0.1%~0.25%硼砂溶液和0.1%~0.2%钙镁磷肥溶液。

生根期（猫耳期）：主要预防烟草花叶病、野火病、炭疽病、黑胫病、根黑腐病和蚜虫的发生危害。这一时期是病虫害防治的关键时期，每天要认真观察病虫害的发生情况。在第二次剪叶前3天，叶面喷施24%混脂·硫酸铜水乳剂900倍液等抗病毒剂1次，预防烟草花叶病的发生危害。在第二次剪叶后1天，叶面喷施72%硫酸链霉素可溶粉剂4000倍液等杀菌剂1次，预防烟草野火病的发生危害。若出现烟草炭疽病的发生危害，可叶面喷雾80%代森锌可湿性粉剂600倍液等杀菌剂1~2次，每次间隔7~10天。若出现烟草黑胫病或根黑腐病的危害，可选用58%甲霜·锰锌可湿性粉剂500倍液等杀菌剂叶面喷淋1次。

若出现蚜虫危害，及时覆盖防虫网，并叶面喷施200g/L吡虫啉可溶液剂4000倍液等推荐使用的杀虫剂1~2次，每次间隔15~20天。

成苗期：主要预防烟草花叶病、野火病、炭疽病、黑胫病、根黑腐病和蚜虫的发生危害。在第三次剪叶前3天和移栽前3天，叶面喷施24%混脂·硫酸铜水乳剂900倍液等抗病毒剂各1次，预防烟草花叶病的发生危害。在第三次剪叶后1天，叶面喷施72%硫酸链霉素可溶粉剂4000倍液等杀菌剂1次，预防烟草野火病的发生危害。在大田移栽前3–5天，直接将20%噁霉·稻瘟灵乳油多点式地施入育苗池营养液内，每30个盘的育苗池施用量为30mL，确保烟苗带药移栽，预防烟草黑胫病或根黑腐病的发生危害。若出现其他病虫害的发生危害，可参照生根期的防治办法及时防治。

（8）注意事项

①播种期：以大田移栽时间倒推计算确定播种时间，确保出苗到移栽的时间在35~45天，禁止1月份播种。

②选种：必须使用烟草公司统一供应的包衣种。

③播种必须在晴天，并进行晒水处理，禁止在低温阴天播种。

④间苗、定苗后盖上遮阳网，5~7天后补上的苗已还苗，揭去遮阳网，增加光照，促进烟苗快速生长。

（五）土壤改良

通过推行以绿肥种植翻压、农家肥堆捂施用、深耕晒垡等为主要措施的土壤改良措施，改善土壤物理化学性状，增强土壤肥力，保障基地烟叶生产。

1. 通过轮作改良植烟土壤。建立以烟叶生产为重点的耕作制度，全面实行隔年轮作制，旱地轮作：地烟以“烤烟-大麦或绿肥-玉米-大麦或绿肥-烤烟”为主，田烟以“烤烟-大麦或蚕豆或空闲-水稻-大麦或蚕豆或空闲-烤烟”为主。

2. 提前预整地，进行土壤深耕晒垡。通过提前预整地，有利于加速有机质矿化，提高土壤肥力；有利于清除病原残体，杀死虫卵，减轻病虫害发生。

3. 堆捂使用农家肥

植烟地块全部使用堆捂的优质农家肥，有效改善土壤结构，提高土壤养分。具体施用方法：（1）土壤有机质在2%以下的田块，每公顷施用15000kg充分腐熟的无菌农家肥。（2）土壤有机质在2%~3%之间的田块，每公顷施用7500~15000kg充分腐熟的无菌农家肥。（3）土壤有机质在3%以上的田块，每公顷施用7500kg充分腐熟的无菌农家肥。

4. 种植绿肥并翻压

采用种植绿肥苕子并在苕子盛花期进行掩青还田，培肥地力。种植绿肥方式一般采用单作绿肥，即在同一块地上仅种植一种绿肥作物，不种其他作物。大庄乡种植绿肥7570亩，种植时间8月20日前完成，翻压时间于下一年3月中旬前后盛花期进行翻压。

（1）翻压方法：将绿肥茎叶切成10~20cm长，然后撒在地面或施在沟里，随后翻耕入土壤中，一般入土10~20cm深，砂质土可深些，黏质土可浅些。也可以使用秸秆还田机，边粉碎边翻压。

（2）翻压量：按鲜草重控制在1500~2100kg/亩（翻压时含水量在80%左右）。

（3）翻压时土壤墒情差时，翻压后要进行及时灌水以利于绿肥的分解。

（4）前作苕子绿肥翻压后烤烟施肥调整：按鲜草重控制在1500~2100kg/亩翻压的情况下，烤烟施肥时酌减氮素1.5~2kg/亩，磷钾肥维持经验施用量不变。

（六）推行机械深耕，做好整地理墒工作

1. 整地：冬耕宜深，耕而不耙，以利于更好地积蓄雨雪，促进土壤风化。种植小春作物的烟地，为抢时间、争节令，在小春作物收割后及时耕地，以免延误移栽期；对于田烟要在小春收割后及时耕翻、晒垡，以达到提高土壤墒情的目的。

2. 理墒要求：植烟地块统一使用机械化理墒，同片区墒向基本一致，整地工作于3月上旬启动，在4月20日前完成整地理墒工作。大庄乡机械整地理墒10268亩，要求地烟深耕深度25cm以上，田烟深度在30cm以上，土块细碎均匀；墒间距120cm，地烟墒高25cm以上，田烟墒高30cm以上，墒面宽35~40cm，墒底宽80~90cm，墒面平直。

机械作业质量要求：（1）耕深细耙：一般烟田地采用一耕二耙，根据烤烟栽培技术要求，经过犁耙后的烟田地，耕深≥300mm±20mm，耕作层内土壤细碎，地面平整；（2）耕幅：耕幅一致，实际幅宽与幅宽误差为±20mm；（3）重耕率：重耕率≤10%；（4）漏耕率：漏耕率≤5%；（5）耕面平整度：10m长度内，地表平整度≤200mm（根据地形地貌情况，丘陵地和坡地不计）；（6）残株杂草覆盖率>90%。

（七）规范移栽规格，集中移栽

1. 移栽时间：如遇旱情影响，移栽时间可推迟7天左右，移栽时间集中在4月15日至5月5日。

2. 移栽要求

（1）100%无病壮苗移栽。

（2）移栽规格：120m×50m，亩栽1100株。

（3）移栽方法：采用明水深栽移栽方法。

（4）移栽质量：移栽质量的好坏，直接关系到烟苗成活率的高低及还苗的快慢。一般来说，在阴天或雨后转晴土壤湿润时栽烟较好。晴天栽烟，蒸发量大，土壤含水量减少；但晴天栽烟，土壤疏松，通透性好，烟苗成活后返青快，根系发达；在晴天栽烟时，应避开中午烈日，防止烟苗失水过多，同时应增加浇水量，确保烟苗成活。雨天栽烟要在泥土不沾锄头后方能开始移栽；土壤含水量过高，栽后土壤板结，根系伸展受到影响，造成烟株生长不良。因此，选择适宜的天气十分重要，只要天气适宜，就应抓紧时间组织力量抢栽。

为了保证移栽质量，应采取以下措施：

①浇足定根水。此项措施对保证全苗、促进早还苗有很大的作用。如果天气干旱程度不大，一般在栽后浇一次定根水，每株3kg以上。

②覆盖地膜，减少土壤水分蒸发散失。烟苗移栽后，由于根系受损，吸收

的水分不能满足茎叶蒸腾的需要，常常造成叶片萎蔫。如遇干旱，会出现旱烘，甚至全株枯死。因此，及时覆盖地膜，减少土壤水分蒸发，对抗旱栽烟来说是一项有效的保苗措施。

③掐除多余叶片或进行剪叶炼苗，减少蒸腾作用。在曲靖烟区，栽烟时天气比较干旱，移栽前掐除烟苗上的大叶片（每株烟苗只留2~3片叶）或剪去叶片的1/3到1/2，可以减少烟叶蒸腾散失的水分，有利于保苗还苗。若遇倒春寒，还可减轻早花的发生。

3. 抗旱移栽技术

（1）认真落实培育壮苗技术，提高烟苗抗旱能力；（2）推行明水深栽技术；移栽时，在穴内水尚未完全下渗时将烟苗栽入穴内，覆土后轻压土壤，浇水1~1.5kg，再用细土覆盖在浸湿之处，以避免土表板结；（3）认真落实科学施肥技术；（4）认真落实地膜覆盖技术，及时覆膜压实，在烟苗上方划开地膜，掏出烟苗，将四周的地膜及开口处用细土压紧封严；（5）推行半叶移栽，减少叶面水分蒸发；（6）认真落实保水理墒技术，严格按照机械作业质量要求，保证烟田耕翻深度控制在25cm左右，以打破犁底层，增加土壤的保水保墒能力。

（八）测土配方平衡施肥

1. 实行测土配方施肥：移栽前对土壤进行测土化验，根据土壤分析结果，结合往年施肥经验，科学制订配方施肥方案。

2. 施肥原则：（1）施肥比例：N:P:K比例为1:1:2。控制氮肥用量，配施磷肥，增施钾肥，补施微肥。（2）“四看两定”施肥。坚持有机与无机混合的原则，坚持基肥与追肥结合的原则。做到“四看两定”施肥。四看：看热量和雨量条件、看土壤条件、看品种特性、看烟株营养状况。两定：定量到株，定适宜的施肥次数、比例、时间及方法。坚持“测土配方，平衡施肥”的原则。（3）增施农家肥。增加施用农家肥改良土壤、培肥地力，提高土壤的通透性、保水性。（4）分类处理，分区施肥。结合烟农经验及土地扰动的情况分类确定纯氮范围，再根据地块土层厚度、肥力情况、前作等因素确定具体的纯氮用量。

3. 施肥量：

栽种品种为云烟97，土地整形扰动不大，根据曲靖市烟草公司土壤化学成分检验报告，建议亩施纯氮6~7.5kg，具体施用量见表6-2。

表6-2　施肥建议

肥料种类	肥料用量			
	纯氮6kg（亩）	纯氮6.5kg（亩）	纯氮7kg（亩）	纯氮7.5kg（亩）
复合肥	32	35	37	40
硝酸钾	10	10	11	11
磷肥	34	33	31	31

4．施肥方法：

各示范点全部采用专业施肥队进行施肥，采用基肥和追肥相结合的施肥方法。

全部烟草专用复合肥、磷肥、农家肥和70%~80%硝酸钾做基肥由专业施肥队条施，40%硝酸钾作为提苗追肥在移栽后15~25天兑水浇施。

（九）中耕管理

1．查缺补苗：在移栽后7~10天内将缺苗补齐。对补栽的烟苗，要选老壮苗，补苗前要先消除造成缺苗的因素（如虫害或肥害等），然后补栽新烟苗。对于新补烟苗要进行偏管，注意追肥浇水，促进其加快生长，赶上早栽烟苗，保证烟田植株整齐一致。

2．追肥：在移栽后15~25天进行，追肥数量占总施肥量的20%~30%。

3．中耕除草：

中耕、锄草是同时进行，烟株对氮素的吸收有前促后控的特点，因此，中耕锄草应在烟株成活后及早进行，一般中耕锄草进行2~3次。第一次移栽后7~10天浅锄，锄深7cm左右，做到不伤根、不盖苗、不留生地，以疏松表土层，消灭杂草和防止杂草生长。第二次是在移栽后15~20天，结合追肥、培土，靠近烟株处宜浅锄，行间宜深锄，锄深10~15cm。第三次是在团棵后至封行前，即移栽后30天左右，这次中耕宜浅不宜深，以保墒灭草为主。若烟株有脱肥表现可适当追肥并培土，株间浅锄，行间深锄，锄深10cm左右。另外，锄草时要把杂草的地下茎和根消除干净。

地膜覆盖栽培烤烟。第一、第二次中耕不必进行，团棵至封行前适时揭膜后按第三次中耕除草的要求、方法进行中耕锄草。

4. 揭膜提沟培土。在团棵后开始进入旺长阶段（指标为10个叶片左右，株高20~25cm，时间为正常生长的烟株移栽后35~45天）进行揭膜提沟培土。

揭膜提沟培土应注意的事项：

（1）揭膜的主要条件。要做到三看：一看地温，地表温度晴天稳定在28℃以上；二看烟株长势，烟株达到团棵开始进入旺长（10个叶片左右，株高20~25cm，时间35~45天）；三看节令，在雨季来临之前揭膜有利于烟田对雨水的吸收。

（2）注意施肥量和施肥方法。降低0.5~1kg/亩的纯氮量，采用条施或条塘结合施用的方法，有利于肥料的充分利用。

（3）天气干旱的情况。揭膜后要补充适当水分再提沟培土；阴有小雨可节省劳力，单是揭膜提沟培土即可；阴有大雨就不必揭膜，等雨过天晴后再揭膜提沟培土。

（4）残膜要全部清除出烟田。地膜在田间难以降解，污染土壤，对农作物危害很大，因此在实施揭膜时残膜要全部清理出烟田，并集中处理。

（5）要及时培土。在揭膜后，要及时进行提沟培土，做到不伤根系，避免因后期遭受连绵阴雨危害，致使烟株倒伏或水槽根。

（6）揭膜提沟培土后因杂草生长速度较快，建议使用除草剂——宝成或大田净，创造一个干净卫生的环境。

5. 水分管理：还苗期必须浇足定根水，并保持土壤的湿润，一般每隔3~5天浇一次水。伸根期要适当控水，以促进根系生长。旺长期必须保证供给烟株充足的水分，若遇雨水过多，则应及时开沟排水，此时期应保持土壤含水量达田间最大持水量的80%左右。成熟期烟株耗水量不大，应适当控制水分，促进叶片成熟。

6. 封顶打杈：封顶要求见花封顶，根据烟株长势进行分类指导，适时封顶，合理留叶。确保封顶后有效采烤叶数在20~24片。抹去烟株上大于2cm以上的烟杈。推荐使用“抑芽剂”进行化学抑芽。

（十）病虫害综合防治

1．防治原则

认真贯彻“预防为主，综合防治”的植保方针，以农业防治为基础，以统防统治为措施，在曲靖市烟草公司烟草病虫害预测预报网络的指导下，搞好调查，加强预测预报工作，以测报指导防治。

2．防治对象

苗期：烟草黑茎病、根黑腐病、猝倒病、花叶病、烟蚜和野蛞蝓。

大田期：烟草黑茎病、野火病、赤星病、花叶病、烟蚜、烟青虫、小地老虎和根结线虫病。

3．防治方法

（1）苗期病虫害防治方法

①育苗场地清洁：育苗前彻底清理育苗场地周围的杂草及周边的环境卫生，彻底消灭病源和虫源。

②育苗大棚消毒：在播种前一个星期对大棚内部进行消毒，首先清除棚内杂物，再用二氧化氯粉剂500倍液进行雾喷，喷雾顺序由顶部分别向四侧自上而下进行，之后封闭大棚，播种前2天打开棚两侧的门进行通风。

③育苗场地消毒：漂浮池建好后，装盘播种前5天，用二氧化氯粉剂500倍液对场地周围、漂浮池、拱架喷雾消毒1次；若遇大风干燥的天气，应在放育苗水前一天再施药消毒一次。

④漂浮盘消毒：一是将旧漂浮盘放入装有二氧化氯粉剂500倍液的池子中浸泡并进行涮洗后，取出集中在干净地方晾干，即可使用；二是用二氧化氯粉剂500倍液对旧漂浮盘进行喷雾（漂浮盘里外都湿润）消毒后，用塑料薄膜覆盖熏蒸7天以上，然后揭膜通风干燥，即可使用。

⑤装盘与播种场地消毒：装盘播种前一天，彻底清除装盘、播种场地及周围的杂物，并用二氧化氯粉剂500倍液进行消毒。在操作过程中，基质、漂盘、播种和装盘工具均不得接触可能带菌、带毒的物体。

⑥剪叶工具消毒：剪叶前和每剪完一个池子的烟苗后，必须用毛巾或毛刷

蘸二氧化氯粉剂500倍液擦拭剪叶器，同时操作人员用肥皂水洗手。

⑦足底消毒池：每个烤烟漂浮育苗点必须设置足底消毒池，在足底消毒池中放入棕垫，加入二氧化氯粉剂500倍液。由于育苗期正处于春季干燥季节，消毒液容易蒸发，在育苗期间，视消毒池中消毒液量的减少进行消毒液的添加，进入漂浮育苗区的人员必须在消毒池中对足底进行1min以上的消毒。

⑧洗手池：每个漂浮育苗点必须设置洗手池，凡是进入漂浮育苗区的人员，必须用肥皂洗手并冲净。

⑨预防性施药防治烟草病虫害

预防烟草病毒病：每次剪叶前1天，叶面喷施24%混脂·硫酸铜水乳剂700倍液1次，共3~4次；移栽前3天叶面喷施24%混脂·硫酸铜水乳剂700倍液1次。

预防烟草猝倒病：烟苗进入小十字期，以预防烟草猝倒病的发生危害为主，用58%甲霜锰锌500倍液进行叶面喷施，每隔7天施药一次，共2~3次。

预防烟草黑胫病或根黑腐病：烟苗进入猫耳期后，以预防烟草黑胫病或根黑腐病的发生危害为主，用58%甲霜锰锌500倍液进行叶面喷施，每隔7天施药一次，共2~3次。

烟蚜防治：当苗期出现烟蚜危害时，须及时施药杀虫，用200g/L吡虫啉可溶液剂4000倍液喷施，每隔10天施药一次，以有效控制烟蚜危害。

（2）大田期病虫害防治方法

① 蚜虫防治：使用200g/L吡虫啉可溶液剂、5%吡虫啉乳油、3%啶虫脒乳油。当大田烟株出现蚜虫危害时，叶面喷施200g/L吡虫啉可溶液剂4000倍液或3%啶虫脒乳油1000倍液或5%吡虫啉乳油1000倍液，每次间隔10天左右，共1~3次。

② 病毒病防治：使用24%混脂·硫酸铜水乳剂、8%宁南霉素水剂、20%吗胍·乙酸铜可湿性粉剂、2%氨基寡糖素水剂。在烤烟团棵期或旺长期初期，叶面喷施24%混脂·硫酸铜水乳剂700倍液或8%宁南霉素水剂1600倍液或20%吗胍·乙酸铜可湿性粉剂700倍液或2%氨基寡糖素水剂600倍液，每次间隔7~10天，共防治1~3次。

a. “两黑病”防治：使用58%甲霜·锰锌可湿性粉剂、722g/L霜霉威水剂、722g/L霜霉威盐酸水剂、20%噁霉·稻瘟灵乳油。分别在烤烟移栽时和团棵期，用58%甲霜·锰锌可湿性粉剂600倍液或722g/L霜霉威水剂600倍液或722g/L霜霉威盐酸水剂600倍液或20%噁霉·稻瘟灵乳油1000倍液喷淋或灌根。

b．赤星病防治：使用19%噁霉·络氨铜水剂。当田间赤星病病情指数达到4时，用19%噁霉·络氨铜水剂1500倍液叶面喷施1~2次，每次间隔7~10天。

c．野火病防治：使用77%硫酸铜钙可湿性粉剂。当田间野火病病叶率达16%时，用77%硫酸铜钙可湿性粉剂400倍液叶面喷施1~2次，每次间隔7~10天。

d．地下害虫防治：用25g/L溴氰菊酯乳油。在烤烟移栽前，用25g/L溴氰菊酯乳油1000倍液喷烟塘；若栽后地下害虫继续危害，继续用25g/L溴氰菊酯乳油1000倍液喷施叶面和烟株根际，每次间隔10~15天，共防治1~3次。

e．烟青虫防治：用0.57%甲氨基·阿维菌素苯甲酸盐微乳剂。当低龄幼虫有虫株率达24%时，用0.57%甲氨基·阿维菌素苯甲酸盐微乳剂1000倍液进行叶面喷施，每次间隔10~15天，共防治1~3次。

（十一）成熟采收

全面实行“下部叶适时采收，中部叶成熟采收，顶部4~6片叶充分成熟后集中一次采收”的成熟采收标准。严格实行“准采证”制，下部叶采收后停10天左右采收中部叶，中部叶采收后停10天左右采收上二棚叶，减少每株采烤次数，增加每次采收叶数，提高烘烤质量，降低烘烤成本。

1．下部烟叶成熟特征

叶面落黄6成左右，颜色绿黄，主脉变白，支脉绿白，茸毛部分脱落，叶尖叶缘稍下垂，采摘时有清脆响声，断面光滑，不带茎皮，按叶龄判断，栽后65~70天，打顶后脚叶5天左右，下二棚12~14天左右采收。

2．中部烟叶成熟特征

叶面落黄8成左右，颜色浅黄，主脉全白发亮，支脉变白，茸毛脱落，叶尖叶缘下垂，茎叶角度为90度，采摘时有清脆响声，断面光滑，不带茎皮，按叶龄判断，栽后80~85天左右，打顶后下腰叶22天左右，正腰叶32天左右采收。

3．上部烟叶成熟特征

叶面落黄9成左右，颜色浅黄，主脉乳白发亮，支脉变白，茸毛脱落，叶面皱折，黄白色成熟斑块明显，茎叶角度大于90度，采摘时有清脆响声，断面光滑，不带茎皮，按叶龄判断，栽后115~125天左右，打顶后58天左右，上部5~6片叶一次性采收。

4. 采收注意事项

采收数量要与烤房容量相配套。如有问题及早安排。采收时避免挤压、摩擦、日晒，不损伤和搅乱烟叶的堆放层次，放置阴凉处。堆放高度约35~40cm左右，避免起热烫伤。

（十二）科学烘烤

1. 密集烤房配套烘烤工艺技术要求

（1）编烟要求与方法：在阴凉处进行，避免日晒。编烟数量根据烟叶部位、大小、含水量等灵活掌握，三仓烤房每竿编烟6~7kg，叶基对齐，叶背相靠，编束牢固，束间距离均匀。

（2）装烟密度：下部叶含水量较多，竿距在12cm以上，中部叶9~10cm，上部叶8~9cm。一般卧式密集烤房装烟量为400~480竿。

2. 卧式密集烤房烟叶调制技术

（1）烘烤操作原则

用烤烟温湿度监控仪（自控仪）结合烤烟三段式烘烤工艺要求实施烘烤操作。烤烟温湿度监控仪（自控仪）要按照其说明书安装使用。

（2）正常的烘烤操作

装烟完成后，关闭装烟门、进气口，及时点火，并按烘烤工艺要求控制烤房温湿度。

（3）变黄阶段

①烟叶变化要求：下部叶变黄程度达八成黄；中、上部叶变黄程度达九至十成黄，且叶片凋萎，主脉变软，勾尖卷边。

②干球温度和湿球温度控制

点火后，将烤房温度提高到32℃左右，保持湿球温度在31~32℃，经若干小时使叶尖变黄后，将干球温度以每2h1℃的速度升温至36~38℃，稳温延长时间，控制湿球温度在34~36℃，使烟叶大量变黄，达到底层烟叶有80%左右黄片青筋，即烟筋和烟筋两边呈青色，叶基部微带青色，其余均为黄色。同时叶片发软，主脉部分发软。之后再升温到41~42℃，保持湿球温度在36~37℃，使底层全部烟叶和二层部分烟叶达到既变黄又变软的要求。

③循环风机操作：开机后即不能停止，直到全炉烤干才能停炉。

④注意事项：若烟叶变黄不够，要稳温保湿延长变黄时间，使烟叶完成变黄；若烟叶失水不够，在干球温度不变的前提下，可适当降低湿球温度，加大排湿。

（4）定色阶段

①烟叶变化要求：顶台烟叶勾尖卷片，底台干燥。

②干球温度控制：干球温度以2~3h1℃的速度升温至54~55℃。若烟叶失水慢或烟筋变黄慢，必须在45~48℃稳温，达到烟筋全黄，部分烟叶达到小卷筒。然后再以1~2h1℃的速度升温至54~55℃，稳温至全炉叶片干燥。

③湿球温度控制：随干球温度上升，湿球温度逐步上升且稳定在37~39℃。

④注意事项：烧火要不断加大，升温要准确无误，排湿口开启要根据湿球温度高低灵活调整，定色过程要谨防湿球温度超过40℃或忽高忽低。

（5）干筋阶段

① 烟叶变化要求：全炉烟叶主脉干燥。

② 干球温度控制：以每小时1℃的速度由55℃升温到67~68℃保持稳定，直到烟叶完全干燥。

③ 湿球温度控制：湿球温度稳定在40~43℃至烘烤结束。

④ 注意事项：干球温度达到60℃之后，以湿球温度不超过43℃为准，逐渐关小进风门。

（十三）加强管理，严格控制非烟物质。

非烟物质包括三大类：一是有机物类，包括植物茎杆、杂草、树皮、秸杆、皮革、皮毛、昆虫、毛发等；二是无机物类，包括绳类、纺织品、石头、金属（如螺丝、铁钉、针等）、玻璃（灯泡碎片、碎玻璃瓶等）；三是人工合成物类，包括聚乙烯（如塑料薄膜、塑料包装物等）、聚丙烯（如化肥包装袋、尼龙、橡胶制品、香烟滤咀、玻璃纤维、泡沫塑料等）。此外，各种油类、化妆品等也可能造成烟叶污染和异味。

1．移栽前必须把大田里的废弃薄膜、烟株残体全部清理干净，保持植烟土壤卫生。田间道路、水沟保持干净、通畅。农药袋、农药瓶、包装袋等集中收集，统一销毁。

2．建立烟株残体处理池，将烟花、烟杈和废弃烟叶等非烟物质集中统一处理。

3．保持烟农家中、院子干净整洁；烟农生活垃圾统一堆放处理，避免与烟叶混杂；农家肥统一堆放；树枝、稻草等杂物堆放整齐。

4．采后烟叶统一摆放，编烟环境干净整洁，杜绝非烟物质出现；编烟时统一采用麻线编烟，烟叶残体及时清理；烤后烟叶下杆后，收好麻线，防止麻线混入烟叶。

5．烤房周围保持干净。煤炭统一堆放，煤灰及时处理，烤房内保持密封、干净，防止烟叶污染。

6．堆放烤后烟叶的房屋要干净、干燥、避风、不漏雨，烟叶不受阳光直射。烟堆四周和上下外层用8μm以上厚的新薄膜覆盖，内层用干净麻片盖、垫，严防编织袋、薄膜等非烟物质混入。

7．预检合格烟叶统一用麻片包装。

（十四）烟叶收购和调拨

积极推行专业化分级，100%实行聚约式烟叶收购模式。加强初分预检工作和内部管理，提高烟叶等级纯度。实行基地单元烟叶单独收购，在调拨计划范围内大庄基地单元的烟叶原则上调拨给湖南中烟工业有限责任公司。

1．严格实行聚约式收购运行模式，完善组织管理体系，建立质量跟踪体系，严格管理考核办法。按照“入户预检初定级→批量交售→集中运输→验证入点→密码收购→承诺服务”的聚约式烟叶收购管理模式认真组织实施和考核。

2．严格执行各级制定的烟叶收购和调拨管理规定。

3．严格按收购指导样进行收购，推行单站、单线封闭收购，坚持单收、单调、单独存放。

4．坚持国标，平稳收购。

6．与湖南中烟工业有限责任公司做好协调工作。

四、生产技术培训要求

在烤烟生产各个环节，组织生产技术员和烟农进行技术培训。

（一）培训对象

广大烟农、基层干部、站点职工和烤烟生产辅助员。

（二）培训内容

开展烤烟漂浮育苗、平衡施肥、中耕管理、成熟采摘、科学烘烤、病虫害防治及国标等技术培训。

（三）培训主要形式

采取技术专题讲座、印发技术资料、座谈会和召开现场会等多种形式对广大技术员和烟农进行培训。

第七章 “芙蓉王”品牌使用曲靖烟叶原料工业验证及评价

第一节 配方打叶

一、目的

卷烟产品的稳定与提高是卷烟工业企业生存与发展的基础，而卷烟产品的稳定在很大程度上依赖于烟叶原料的稳定，烟叶原料是农产品，很大程度上依赖于烟叶生长的环境以及烟叶初烤的技术水平。依据目前的烟叶原料状况提高卷烟生产所需烟叶原料的稳定性已成为一个重要的研究内容，特别是全国卷烟企业采用了片烟生产线，打叶复烤后片烟的质量稳定性决定了卷烟工业企业所需原料的稳定性。中国烟叶生产的组织形式决定了烟叶等级多、批量小，因而严重影响了打叶复烤线的有效作业率和片烟质量的稳定性，同时给烟叶配方维护工作带来较大的难度。为了更好地保证卷烟原料的稳定性，我们在烟叶收购和复烤过程中，根据企业的产品特性和配方需要将具有相似风格特征的烟叶等级合并在一起进行打叶复烤，以达到减少烟叶等级数量，扩大每个等级烟叶数量和提高烟叶等级质量，为卷烟配方提供稳定的原料基础，同时也为实施卷烟分组加工提供基础和技术支持，逐步提高打叶复烤线的有效作业率和片烟质量的稳定性，减少产品维护工作中的产品改造频次。

通过湖南中烟工业有限责任公司所调拨曲靖烟叶原料状况和打叶复烤前后烟叶质量变化情况的细致分析研究，曲靖市烟草公司和湖南中烟工业有限责任公司共同确定了烟叶原料小叶组配方打叶复烤的思路，并且根据烟叶原料的质量状况重新对曲靖的烟叶生产区域进行了划分，为原烟小叶组配方打叶奠定了更为坚实的基础，同时试验研究了利用打叶复烤烟叶模块替代现有卷烟牌号中的相应等级烟叶，经过内在质量评吸、化学成分检测、烟气分析，所做卷烟产品的质量不低于正常卷烟产品质量，形成了卷烟二次配方技术思路。

二、意义

（一）减少打叶后的配方使用等级，相对增加烟叶的数量，减少卷烟产品改造的频次，稳定卷烟产品烟叶原料的质量，提高卷烟的质量控制水平。

（二）形成小比例多等级烟叶配打模块、大比例少等级二次配方使用模式，扩大卷烟产品叶组配方的烟叶使用范围。低等级、价格低的烟叶小比例进入配方成为可能，多等级大批量烟叶配打，降低打叶复烤和卷烟叶组配方成本。

（三）减少烟叶等级个数，增大烟叶相对数量，节约仓储费用、人员工资、水电等开支；利于仓储管理，降低仓储费用，提高仓库利用率。

（四）在项目实施过程中，对打叶复烤和不同烟叶仓储时间对烟叶质量影响情况进行跟踪，对取得的大量样品进行了化学成分分析和感观质量评吸。通过对取得的数据进行分析研究，掌握了打叶复烤生产过程和烟叶仓储醇化时间对烟叶质量影响的规律，为卷烟原料的整理加工和使用提供了理论依据，为分组加工奠定了基础。

（五）通过小叶组配方技术研究项目的开展，拓展了烟厂工艺技术人员对烟叶原料整理和分类加工的工作思路，为企业将来建立原料评价体系和实现稳定企业烟叶原料、扩大烟叶使用范围、降低卷烟原料成本、降低原料贮存成本和减少产品因配方原料断档而出现改造频次过于频繁的问题，为最终实现稳定和提高企业卷烟产品质量奠定了理论基础。

三、研究内容

配方打叶主要是研究将若干个具有相同或相近风格特点的不同等级曲靖烟叶按照一定的比例组合在一起，使之成为在卷烟配方中具备一定作用或用途的配方模块。

（一）研究曲靖各产地烟叶的等级、部位、颜色、油分等烟叶品质因素与烟叶化学成分和感官质量之间的关系。

（二）研究烟叶原料复烤前后化学成分和感官质量的变化规律。

（三）研究小叶组模块建立的原则及小叶组模块的建立。

（四）卷烟产品模块替代试验研究。

四、小叶组配方模块的建立

（一）小叶组配方模块建立的原则

通过对湖南中烟工业有限责任公司调拨曲靖烟叶的分析与研究，发现小产地不同，香气类型存在细微差异，HTJ值在同一范围内而小产地不同时，其内在质量有很大的区别。HTJ值在同一范围内且小产地相同，但其总糖、还原糖和烟碱有差异，其内在质量也有区别，初烤烟的还原糖和总糖的变化趋势较一致。HTJ值在同一范围内且小产地相同，总糖、还原糖和烟碱差异较小，但部位不同时，其内在质量也有不同。所以在小叶组模块划分时，应首先分清烟叶产区（香气类型），分清部位，评吸模块各组分的主要感官质量指标是否相近，再考虑HTJ值是否在同一范围内，然后看各等级烟叶的还原糖、烟碱的差异大否。小叶组模块建立的原则：只有同产区（香气类型），同部位，评吸差异不大，同HTJ范围值，还原糖、烟碱的差异不大的烟叶才可放入同一烟叶模块内打叶。

表7-1 湖南中烟工业有限责任公司模块分组思路图

曲靖烟叶	上部叶	HTJ≤6.0；烟碱>4.5%
		6.0<HTJ≤8.0；3.5%<烟碱≤4.5%
		HTJ>8.0；2.5%<烟碱≤3.5%
	中部叶	HTJ≤8.0；烟碱>4.0%
		8.0<HTJ≤11.0；3.0%<烟碱≤4.0%
		HTJ>11.0；2.0%<烟碱≤3.0%
	下部叶	HTJ≤9.0；烟碱>2.5%
		9.0<HTJ≤12.0；2.0%<烟碱≤2.5%
		HTJ>12.0；1.5%<烟碱≤2.0%

根据这一原则，对2008年、2009年、2010年度曲靖各产地、各等级烟叶的外观评价、化学成分分析、内在质量评析，在实验室多次进行模块配比实验，确定了配方模块，在打叶复烤车间分批次上线中试。

（二）配方打叶中试样品的结果与分析

通过对曲靖各产地、各等级烟叶的外观评价、化学成分分析、内在质量评析，我们形成了小配方打叶模块，模块经打叶复烤车间中试，取样、制样后，送样做了化学成分分析和内在质量评吸，分析、评吸结果见下表（见工业验证及评价章节）。

五、卷烟产品模块替代配方中试样试验

我们用2008年模块进行了“芙蓉王”（硬）替代实验，配方中其他等级未做调整，0＃为正常生产产品，1＃为试验样品，对“芙蓉王”（硬）的曲靖烟叶替代比例为50%。

卷烟产品内在质量对比分析（正常生产产品、试验样品）：

表7–2 “芙蓉王”（硬）内在质量对比分析表

编号	光泽	香气	谐调	杂气	刺激性	余味	合计
0＃	5	30	5	10.5	18	22.5	91
1＃	5	30.5	5	11	18	22.5	91.5

从上表可以看出：试验样品比正常生产产品的香气质好，杂气种类少。同时也说明了通过实施小配方打叶在丰富卷烟香气和减少杂气上贡献突出。

第二节 工业验证及评价

一、样品采集

评价样品主要从湖南中烟工业有限责任公司对曲靖烟叶的调拨过程中交接等级为C3F的烟叶中采集，根据不同区县不同调拨批次分别取样，每一调拨批次

随机选取5包烟，分别对每包烟随机抽取5把烟后进行混合，然后从该混合把烟中随机抽取10把作为样品，样品产地涵盖师宗、宣威、马龙、罗平、富源五县。

二、评价内容与方法

（一）外观符合性评价

1. 样品制备

常温下，烟叶含水率保证在16%~18%，10把烟样拆把后作为待评样品。

2. 评价人员

由湖南中烟工业有限责任公司2名专门从事烟叶分级工作人员和1名芙蓉王叶组配方人员共同评价。

3. 评价方法

根据湖南中烟工业有限责任公司“芙蓉王原料片选质量要求”对样品进行逐片筛选，分成A、B两类（A类为外观质量符合配方使用要求，B类为外观质量不符合配方使用要求），用叶片数量占总叶片数量的百分比即片选率来代表该批烟叶外观质量符合情况。

由1名分级人员进行初选，另1名分级人员复选，叶组配方人员进行监督，对有异议的叶片进行商议，未达成共识的情况下以少数服从多数进行分类。

（二）化学成分分析

1. 样品制备

从可用性评价后A类烟样中随机取出40片烟叶作为一个样品，在实验室中进行抽梗、制丝，然后用密封袋储存，放入温度为22℃、湿度为65%的恒温恒湿箱中待用。

2. 分析内容

化学成分分析指标主要是常规化学成分，包括总糖、还原糖、烟碱、总氮、钾、氯。

3. 分析仪器与方法

分析仪器采用Bruker公司MPA系列傅立叶变化近红外光谱仪。根据已建立并不断补充的烟丝近红外光谱模型，利用仪器对样品进行近红外光谱扫描，快速分析样品常规化学成分。

4．指标要求

表7–3 曲靖烟叶各化学成分期望目标

总糖（%）	还原糖（%）	烟碱（%）	总氮（%）	糖碱比	钾（%）	氯（%）
29~33	26~30	2.5 ± 0.3	2.0~2.5	10~14	≥2	0.3~0.8

（三）烟叶感官质量评价

1．样品制备

用手工卷烟机对化学成分分析环节中所制备的烟丝样品进行烟支卷制，评吸前需把待评烟支放入恒温恒湿箱中平衡48小时。

2．评价内容

感官评吸评价指标包括香气质、香气量、杂气、浓度、刺激性、劲头、余味、灰色、燃烧性9个指标。

3．评价人员

感官评吸评价评委主要由湖南中烟工业有限责任公司从事产品配方、具备国家卷烟感官评吸资格的人员组成，人数达到或大于7人。

4．评价方法

感官评吸评价采用定量评分的方式，由评委根据样品感官质量表现以9分制标准对各指标进行赋值，然后综合所有评委的评分对每个指标求平均值。

表7–4 评吸档次赋值标准

<table>
<tr><th>分值区间</th><th>香气质</th><th>香气量</th><th>杂气</th><th>浓度</th><th>劲头</th><th>刺激性</th><th>余味</th><th>燃烧性</th><th>灰色</th></tr>
<tr><td>[8，9]</td><td>好</td><td>足</td><td>微有</td><td>浓</td><td>适中（9分）
略大/略小</td><td>轻微</td><td>舒适</td><td>强</td><td>白</td></tr>
<tr><td>[7，8）</td><td>较好</td><td>较足</td><td>有</td><td>较浓</td><td>较大/较小</td><td>有</td><td>较舒适</td><td>较强</td><td rowspan="2">灰白</td></tr>
<tr><td>[6，7）</td><td>略好</td><td>略足</td><td>较显露</td><td>略浓</td><td>大/小</td><td>略大</td><td>略舒适</td><td>略强</td></tr>
<tr><td>[5，6）</td><td>中等</td><td>中等</td><td>显露</td><td>中等</td><td>很大/很小</td><td>较大</td><td>尚舒适</td><td>中</td><td rowspan="2">灰</td></tr>
<tr><td>[4，5）</td><td>略差</td><td>略少</td><td>略重</td><td>略淡</td><td>/</td><td>大</td><td rowspan="2">欠适</td><td>略差</td></tr>
<tr><td>[3，4）</td><td>较差</td><td>较少</td><td>较重</td><td>较淡</td><td>/</td><td>很大</td><td>较差</td><td rowspan="2">灰黑</td></tr>
<tr><td><3</td><td>差</td><td>少</td><td>重</td><td>淡</td><td>/</td><td></td><td>不适</td><td>熄火</td></tr>
<tr><td colspan="10">注：劲头：大标记+，小标记-</td></tr>
</table>

三、三年来质量表现

（一）外观可用性

表7–5 近三年不同区县样品片选率（%）

年度	师宗	马龙	富源	宣威	罗平
2008	75.49	78.59	74.39	74.31	73.79
2009	77.13	79.68	74.37	75.42	74.72
2010	80.21	81.73	80.14	79.87	79.68

从片选率上来看，外观质量符合度整体呈现逐年提升的态势，富源的跳跃较明显，马龙稳定于高位。

（二）化学成分分析

1. 宣威

表7–6 近三年来宣威烟样化学成分分析

项目	年度	总糖（%）	还原糖（%）	总氮（%）	烟碱（%）	糖碱比（%）	钾（%）	氯（%）
均值	2008	31.72	25.18	1.83	2.02	13.39	1.46	0.15
	2009	32.33	27.33	1.70	2.34	12.60	1.75	0.16
	2010	35.34	30.13	1.87	2.51	13.30	1.74	0.11
指标符合率	2008	89.35	85.36	35.34	62.41	88.57	32.25	10.24
	2009	91.34	92.83	29.38	81.58	92.13	41.46	9.68
	2010	84.21	85.79	37.17	89.95	84.36	40.21	8.37

2. 马龙

表7–7 近三年来马龙烟样化学成分分析

项目	年度	总糖（%）	还原糖（%）	总氮（%）	烟碱（%）	糖碱比（%）	钾（%）	氯（%）
均值	2008	34.28	24.46	1.69	1.79	14.17	1.56	0.21
	2009	36.37	28.63	1.70	2.18	13.93	1.81	0.28
	2010	36.38	31.63	2.15	2.54	13.19	1.63	0.32
指标符合率	2008	86.47	81.57	25.68	48.75	76.35	30.46	43.57
	2009	70.24	91.48	30.67	69.68	83.19	42.48	67.47
	2010	71.15	82.25	63.57	92.34	85.38	32.46	83.47

3．罗平

表7-8 近三年来罗平烟样化学成分分析

项目	年度	总糖（%）	还原糖（%）	总氮（%）	烟碱（%）	糖碱比（%）	钾（%）	氯（%）
均值	2008	31.17	24.81	1.87	2.08	12.72	2.01	0.32
	2009	31.25	25.70	1.74	2.50	10.99	1.91	0.57
	2010	31.79	27.41	2.04	3.20	8.74	1.47	0.37
指标符合率	2008	86.68	76.46	43.51	58.57	89.68	75.36	84.38
	2009	87.35	81.45	41.36	87.58	78.79	69.47	93.27
	2010	87.24	87.56	65.58	25.36	45.57	27.85	89.57

4．富源

表7-9 近三年来富源烟样化学成分分析

项目	年度	总糖（%）	还原糖（%）	总氮（%）	烟碱（%）	糖碱比（%）	钾（%）	氯（%）
均值	2008	30.27	22.73	1.93	2.18	11.36	1.61	0.18
	2009	29.69	21.51	1.94	2.29	10.26	1.91	0.23
	2010	33.21	28.81	2.17	2.98	9.76	1.32	0.34
指标符合率	2008	86.48	81.7	54.62	67.87	83.5	56.47	28.41
	2009	77.57	78.59	55.96	72.55	79.74	64.38	34.21
	2010	85.36	88.69	71.25	78.68	62.31	21.35	64.35

5．师宗

表7-10 近三年来师宗烟样化学成分分析

项目	年度	总糖（%）	还原糖（%）	总氮（%）	烟碱（%）	糖碱比（%）	钾（%）	氯（%）
均值	2008	31.25	22.57	1.94	2.22	10.78	1.55	0.37
	2009	29.33	20.00	1.89	2.51	9.20	1.89	0.53
	2010	35.77	30.98	2.19	2.80	11.08	1.12	0.42
指标符合率	2008	84.76	51.79	58.68	83.57	76.49	35.67	82.57
	2009	80.58	45.36	53.64	93.47	68.89	46.98	93.36
	2010	69.47	84.37	79.48	87.56	85.68	20.35	92.41

（三）感官评吸质量评价

表7-11 近三年曲靖烟样感官质量评吸数据均值

年度	区县	香气质	香气量	杂气	浓度	劲头	刺激性	余味	燃烧性	灰色
2008	马龙	6.24	6.21	6.14	6.31	8.82	7.29	6.08	6.78	6.45
	宣威	6.12	6.12	6.02	6.35	8.79	7.2	6.05	6.83	6.57
	富源	6.16	6.17	5.96	6.32	8.86	7.24	6.07	6.76	6.52
	罗平	5.94	6.38	5.87	6.59	9	7.16	5.93	6.87	6.43
	师宗	6.13	6.23	6.05	6.42	9	7.13	6.01	6.79	6.51
2009	马龙	6.37	6.53	6.14	6.38	8.87	7.12	6.22	6.84	6.4
	宣威	6.22	6.33	6.04	6.36	8.75	7.06	6.27	6.81	6.82
	富源	6.21	6.52	6.01	6.61	8.79	7.03	6.08	6.79	6.53
	罗平	6.11	6.41	6.01	6.6	8.59	6.81	5.9	6.76	6.48
	师宗	6.34	6.45	6.18	6.33	8.81	7.08	6.1	6.4	6.55
2010	马龙	6.35	6.49	6.13	6.32	8.82	7.23	6.18	6.85	6.5
	宣威	6.23	6.39	6.03	6.39	8.65	7.15	6.14	6.76	6.64
	富源	6.42	6.65	6.05	6.58	8.64	6.88	6.23	6.86	6.47
	罗平	6.02	6.54	5.92	6.7	8.68	6.97	6.01	6.79	6.57
	师宗	6.27	6.5	6.09	6.47	9	7.09	6.09	6.53	6.58

感官评吸质量除富源表现较好年份在2010年，其他县表现较好年份在2009年，整体质量水平大多处于略好档次，但烟气欠柔和现象并未消除，燃烧性和灰色表现一直较为正常。

第八章　品牌导向的曲靖烟叶生产体系运行管理模式研究

第一节　卷烟品牌烟叶原料供需状态分析

“工商分设”以来，烟叶的基础地位受到行业空前重视。2005年全国烟草工作会议上，国家烟草专卖局明确指出“烟叶稳，整个行业发展就稳；烟叶出问题，整个行业发展必然要出问题”。2006年全国烟草工作会上，国家烟草专卖局提出培育“两个十多个”的战略目标，工业重组迈出了坚实的一步，大市场、大企业、大品牌的发展走势已成必然。随着卷烟品牌的整合和“做大做强”的迫切需求，卷烟工业更需要优质而稳定的烟叶原料提供保障，更需要烟叶产区在订单农业和满足个性化需求方面提供更强有力的支持，反之，烟叶生产也更需要卷烟工业的参与，从而获得更明确的原料发展方向，达到双方资源和信息的共享，使烟叶原料生产更符合品牌发展的实际需要。国家烟草专卖局围绕保障品牌烟叶原料需求这一核心问题，开展了一系列重大项目研究，从国际型优质烟叶生产到部分替代进口烟叶开发再到特色优质烟叶开发，一定程度上解决了工业企业烟叶需求矛盾的问题。然而，国内烟叶市场仍旧满足不了大企业、大品牌发展需求，特别是国内重点骨干品牌对国外优质烟叶的依赖始终无法摆脱。深刻剖析其原因主要有以下四点：其一，工业企业对各烟叶产区生产的烟叶了解不透，品牌烟叶原料需求特点与产区烟叶风格特色无法实现对接，导致有限的烟叶调拨计划难以得到实用、好用的烟叶原料，工业企业按需调拨烟叶原料的目标无法得到实现。其二，面对优质烟叶供不应求的实际，商业企业对产区内烟叶特色只停留于大致了解层面，哪些区域所产烟叶可以用于哪些品牌，哪些区域优质烟叶可以进入哪些品牌主要配方，各品牌烟叶原料对品种、配套生产技术有哪些特殊要求等等，都了解得不透、研究得不深，品牌烟叶原料供应的稳定性难以得到有效保障。其三，国内烟叶销售存在市场散乱、集中度不够、重点不突出的特点，部分调出的烟叶等级多、量少，结构性矛盾突出，给工业的加工使用带来一定的困难，并且随着参与烟叶买卖的市场主体逐渐减少，大配方对固定原料（区域、等级等）质和量的需求更加明显。加之烟叶农业生产的“质量”与烟叶工业使用的“质量”存在一定的认识差距，造成在烟叶生产中因对本地的烟叶质量的区域性特色了解不够，以致在烟叶的生产布局及生产技术上目标不明晰，生产上定位不准，不能为卷烟工业企业组织个性化生产。其四，在优质烟叶原料保障供应的一系列重大项目实施过程中，科研院所作为技术支撑单位发挥了积极的作用，但如何与工商双方就原料供需的症结问题达成一致，从而围绕品牌烟叶需求展开技术研究，缺少的依旧是载体和平台。概括而言，因为没有一个工商研三方深度合作的有效载体和平台，三方无法围绕品牌烟叶原料需求这一核心问题展开深入研究，致使烟叶资源配置不尽合理、重点骨干品牌烟叶原料供需无法对接。

正是在这种背景下，作为全国最大的地市级优质烟叶产区，曲靖烟草进一步解放思想，开展科学发展观学习和讨论，切实认识到烟叶原料不仅是行业发展的物质基础保障，更是关乎企业发展方式转变的决定要素；原料保障上水平不仅是行业“大市场、大企业、大品牌”战略的需要，更是曲靖烟草进一步深化以品牌为核心的资源配置方式改革的需要。2007年初，曲靖烟草在深入调研和广泛论证的基础上确立了“打造中国特色烟叶产区，创建行业标志性商业企业”的战略目标，并在这个战略目标框架下，就烟叶原料建设工作主动思考、深入探索、自觉实践。2007年4月，在认真分析和充分调研曲靖烟叶生产实际及市场环境的基础上，我们研究提出突出信息技术，着力打造精准数字烟草；突出风格特色，着力培育具有曲靖地域特征和风格特色的优质烟叶的思路。经过深入论证，确立了“品牌导向的曲靖烟叶生产体系研究”的重大课题，经专家咨询，制定了工作方案，拟通过工商研共建原料与品牌发展机制平台的搭建，探索出新型的工商合作关系。随后我们带着方案逐一走访了上海、湖南、湖北、福建等九家重点工业企业和国家烟草栽培生理生化研究基地等五家科研单位，得到了积极响应和大力支持。一路走来，我们深刻领会到“中华”“芙蓉王”“黄鹤楼”“七匹狼”等品牌原料个性化需求的急迫性。正如上海烟草集团所言，“原料供应对品牌发展的制约因素长期存在，烟叶资源配置和利用效率亟待进一步提高”。“跑马圈地”式的基地建设已不再适应卷烟品牌原料由以往的单纯追求“吃饱”向“吃好、吃精、吃特”转变。7月，我们诚邀九家工业企业和五家科研单位的知名专家、学者，对“工商研共建原料与品牌协同发展机制”进行论证，确定了“以建立烟叶生产质量数据库和工业使用质量数据库‘两库’为着力点，全面开展品牌原料基地建设”的总体思路。12月，我们联合上海、湖南、红云红河、福建、湖北、浙江、安徽、江苏、广东九家重点工业企业和国家烟草栽培生理生化研究基地、青州烟草研究所、云南省烟草农业研究院、湖南农业大学和云南省农业科学院五家科研单位，正式启动了“品牌导向的曲靖烟叶生产体系研究”项目，旨在搭建一个三方互动交流、深度合作的载体和平台，形成工商研三方共建品牌烟叶原料保障机制的强大合力，进一步增强重点卷烟品牌的柔性化生产和烟叶生产组织的快速响应能力，改变工业企业在原料采购上的被动局面，以烟叶内在品质、加工使用的分析数据为支撑，明确工业需求目标，科学有效地反馈于烟叶生产、收购、采购过程，推行烟叶生产全过程质量跟踪，使烟叶生产服从和服务于卷烟工业生产，形成烟叶农业生产与卷烟工业生产紧密结合的烟草农业推广体系和发展模式。在整个项目实施过程中，我们紧紧围绕卷烟工业企业重点骨干品牌烟叶原料需求，围绕工业企业以什么方式深度介入到基地建设中来，如何保持基地建设各项工作有效运行，如何把品牌原料需求特点和品牌文化植根于产区广大基层技术人员和烟农等生产主体心中，深入探索工、商、研互动，共同参与的运作机制和管理方式，通过产业链一体化的模式，探索烟叶生产、收购、加工、贮运一体化模式，提高烟叶流通效率，保障原料有效供给；建立共同参与、协同发展的新型客户供应商关系，切实提高原料管理水平；以现代烟叶生产理念统领烟叶生产，实现烟叶生产规模稳定、烟叶生产水平不断提高、烟农真正得到实惠；通过工、商、研三方交流，共同培养一批新型的烟叶生产、管理技术人才，推动全国烟草产业持续健康发展；积极探索和实践“品牌导向的曲靖烟叶生产体系研究”项目运行管理模式，通过建立工商研战略合作发展“一套机制”、搭建工商研互动交流“三个平台”和健全项目运行管理工作“四项制度”，促进项目研究深入持续发展，推进曲靖优质特色烟叶原料保障上水平。

第二节 建立工商研战略合作发展机制

我们从原料保障战略任务出发，建立工商研战略合作发展“一套机制”，强化三方合力推进“原料保障上水平”的密切关系。在“品牌导向的曲靖烟叶生产体系研究”项目的选题、立题、开题和实施全过程中，我们始终把最大限度满足工业企业烟叶原料需求作为项目研究的出发点和落脚点，既充分考虑各工业企业对烟叶品种、种植区域、技术措施等方面的客观要求，又注重重点骨干品牌对烟叶原料感官质量、化学成分、评吸质量等要素的现实需求，更注重工商研三方原料保障战略联盟关系的建立和巩固。在“品牌导向的曲靖烟叶生产体系研究”项目启动会上，工商研三方签订了《工商研共建原料与品牌协同发展机制（卷烟品牌导向的曲靖烟叶生产体系研究）会议备忘录》和《工商研共建原料与品牌协同发展机制（卷烟品牌导向的曲靖烟叶生产体系研究）框架协议》，制定了《工商研共建原料与品牌协同发展机制（卷烟品牌导向的曲靖烟叶生产体系研究）实施意见》，聘请行业内专家组成项目顾问组，明确了项目建设的目的意义、合作原则、目标任务、组织机构、合作内容和合作方式等，拉开了培育新型工商研合作发展联盟关系和曲靖特色优质烟叶原料生产与卷烟品牌发展对接的序幕，为科学合理规划基地、体制创新、共建基地工作实践提供了条件，为引入品牌观念、融入品牌文化、建立工业需求引导烟叶生产的机制奠定了基础。中国烟叶公司副总经理陈江华在启动会上指出，曲靖市率先在全国提出工、商、研共建原料与品牌协同发展机制，工、商、研三方共同参与，形成互动，构建原料与品牌发展平台，这是烟草行业以品牌为导向，围绕品牌抓优质原料的积极探索，是提高烟叶生产水平，进一步提高优质烟保障能力的需要，是烟草产业一体化协同发展的重要举措，它的推行必将对云南乃至中国烟叶生产模式产生重要的、积极的、深远的影响。

第三节　搭建工商研三方互动交流平台

建立了工商研战略合作发展机制，但没有工商研三方互动交流的有效平台，项目研究将难以收到实效，工商研三方将难以保持有效对接。我们从原料供需深入对接出发，搭建工商研互动交流“三个平台”，深化三方协同提高优质烟叶有效供给能力的丰富内涵。

一、搭建科技研发平台

（一）指导思想

以科学发展观为统领，坚持科学技术是第一生产力，以科技创新为动力，工商研全程参与，深度介入，紧紧围绕提高烟叶质量，开展项目技术研发，实现工商研合作互动，保障重点卷烟品牌优质烟叶原料供应。

（二）组织机构

由工商研三方技术负责人组成领导小组，具体负责协调、沟通、监督和考评执行小组等工作；由工商研三方从事技术研发的科技人员组成执行小组，具体负责科研研发方案制订、贯彻落实、信息交流沟通和撰写报告等工作。

（三）职责分工

1．工业企业工作职责

根据工业企业重点骨干品牌发展需求，提出烟叶质量指标要求；负责烟叶的质量评价（工业验证），提出烟叶质量改进的方向；根据烟叶质量指标和烟叶质量评价结果，结合产区生态环境、技术、管理情况，与商业企业、科研院（所）共同制定科研研发项目，并共同参与项目的贯彻落实；负责对商业企业和科研院（所）的考评，并将结果进行反馈；加强与商业企业、科研院（所）沟通交流，为工作开展提供便利条件。

2．商业企业工作职责

负责提供翔实的烟叶产区生产信息资料，并与工业企业、科研院（所）一起制订科研研发方案；负责科研项目的落实工作；严格项目工作记录汇报制度，包括工作过程、图片、录像等，建立项目执行档案，确保实施项目可跟踪性；负责对工业企业和科研院（所）的考评，并将结果进行反馈，同时负责制订科研项目田间考核方案，并对实施项目进行考核；负责研究成果的推广应用工作；加强与工业企业、科研院（所）的沟通交流，为工作开展提供便利条件。

3．科研院（所）工作职责

根据工业企业卷烟品牌对烟叶质量指标要求，综合分析产区烟叶质量特点和生态环境条件，与工业企业、商业企业共同制定有针对性的科研研究项目；派出专门技术人员常驻产区负责科研项目实施，关键时期派专家组织指导和培训，促进科研项目的落实，跟踪了解科研项目实施中存在的问题，提出改进意见，形成分析报告；负责对工业企业和商业企业的考评，并将结果进行反馈；参与项目烟叶的样品取样和评价工作；加强与工业企业、商业企业的沟通交流，为工作开展提供便利条件。

（四）工作计划

1．科研项目研发协议的签订（1月）

工业企业、商业企业和科研院（所）三方签订科研研发协议，明确责任分工，共同促进工作开展。

2．科研研发程序

（1）品牌需求分析、确定质量目标（2月份）：工业企业针对产区烟叶质量评价结果，结合卷烟品牌对烟叶原料质量要求，提出改进意见。责任单位：工业企业。

（2）制订配套技术研发方案（2~3月）：科研院（所）针对工业企业卷烟品牌对烟叶原料质量要求及改进意见，与商业企业、工业企业共同制订科研研发方案。责任单位：科研院（所）、商业企业、工业企业。

（3）科研研发方案实施（4~10月）：由科研院（所）、商业企业、工业企业共同组织实施。

（4）中期评估（7~8月）：针对科研研发方案，由工业企业牵头，商业企业、科研院（所）参与，共同对科研研究项目进行中期评估。责任单位：工业企业、商业企业、科研院（所）。

（5）烟叶质量评价（11月）：工业企业针对科研项目烟叶样品，结合卷烟品牌对烟叶质量要求进行烟叶质量评价。责任单位：工业企业。

（6）项目总结（12月）：科研院（所）针对项目实施情况和工业企业对烟叶质量评价结果，归纳总结，撰写出总结报告，并提出下一步意见，提交工业企业和商业企业。责任单位：科研院（所）。

（五）保障措施

1．加强沟通交流：工业企业、商业企业、科研院（所）三方加强沟通交流，定期反馈产区项目开展和方案落实情况，以便合作各方及时了解项目进展动态，形成工商研互动、良性循环的科研研发格局。

2．经费来源及使用：为了确保科研研发项目的顺利实施，项目经费按照谁主导谁多出的原则，由工商研三方共同出资；经费使用必须征得出资方的同意，方可使用。

3．严格考核：针对科研研发实施情况，工商研三方对执行小组成员进行交互考评，同时工业企业和商业企业对科研院（所）进行考评，作为支付科研研发协作费的依据（见附表8-6）。

4．成果归属：研究开发完成后，技术成果专利申请权归三方所有；非专利技术成果的转让权归三方所有，所获得利益由三方分享；技术成果的使用权归三方共同享有。

二、搭建基于GIS系统的信息交换平台

（一）目的意义

利用高新技术手段，搭建基于GIS系统的信息交换平台，实现工商研三方有效互动。

（二）技术支撑

基于GIS地理信息系统，购买了曲靖市全境19.5m中分辨率卫星影像、CBERS-CCD中高分辨率卫星影像Spot5 2.5m、曲靖市主城区100平方公里1m高分辨率卫星影像，并完成野外控制点测量及正射纠正和加工整理入库。

（三）功能设置

实现工商研三方对“品牌导向的曲靖烟叶生产体系研究”项目相关资料信息的查询、更新，对主要数据进行统计分析、空间分析和生产辅助管理与决策，并对分析结果实现可视化输出等功能。工业企业可以迅捷查询基地的生态条件和烟叶质量状况，商业企业可以全面了解工业企业品牌使用烟叶原料的等级结构、数量和质量状况，实现烟叶原料与卷烟品牌建设的信息共享。

（四）平台运行保障

构建了曲靖市烟叶生产质量数据库和工业使用质量数据库，开发出曲靖烟草基础地理信息管理系统和曲靖烟草三维可视化应用系统。

三、搭建工商培训交流平台

（一）主要形式

技术培训、学术交流和定期走访。

（二）主要做法

1．增强烟农对品牌的认知度。结合烟农信誉等级评价，把技术培训延伸到烟农，工业企业组织信誉等级高的烟农到工业企业进行培训和交流，增强烟农的品牌意识和责任感；工商双方借助烟农学校建设品牌文化园，提高烟农、科技人员对卷烟品牌原料需求特点和品牌文化的认知度。

2．增强工业企业驻点人员对烟叶生产收购等工作的熟悉度。工业企业驻点人员通过对品牌烟叶原料生产全过程的参与，结合品牌烟叶原料需求特点，掌握配套技术生产要点，为进一步完善配套生产技术体系和提高配套技术措施的到位率奠定基础。

3．加强工商双方品牌烟叶生产人才队伍建设。借助培训交流平台，工商联合培养产区烟农、科技人员和评吸人员“三支队伍”以及工业企业农艺师、配方师和验级师“三师队伍”。

（三）保障措施

商业企业建立100人的内训师队伍，负责品牌烟叶原料配套生产技术培训；工业企业技术人员负责配套技术措施落实和考核监督。

第四节　建立项目运行管理工作制度

“没有规矩不能成方圆”，要保持项目运行管理高效有序，建立健全项目运行管理制度至关重要。工商研三方从项目持续长效发展出发，建立项目运行管理工作“四项制度”，提高品牌导向的曲靖烟叶生产体系运行管理水平。在项目启动初期，工商研三方就如何深入持久地推动项目建设展开了细致讨论，探索建立了项目“826”考核评价制度、项目基地共建年会制度和项目基地烟叶定向调拨制度，三年多来的实践表明，各项制度的建立健全对项目的深入推进起到了至关重要的作用。

一、健全项目考核评价制度

基地单元作为品牌导向的曲靖烟叶生产体系研究的实施载体，在项目研究过程中发挥了重大作用，加大项目基地共建考核评价力度至关重要。

（一）考核评价办法

1．考核对象：工业企业、商业企业和科研单位。

2．考核内容（项目“862”考核评价体系）：工业企业和科研单位从基地区域布局、品种结构、育苗管理、田间管理、成熟采烤、烟叶收购等级纯度、烟叶质量、合作水平八个方面对商业企业进行考核评价；商业企业和科研单位从原料需求目标、生产收购介入程度、科研立项、工业验证及质量评价、信息反馈、合作水平六个方面对工业企业进行考核评价；工商双方从科研项目研究、技术服务两个方面对科研单位进行考核评价。

3. 考核方式：工商研三方互评，实行百分制考核。考核结果将在基地年会中通报，并作为下一年三方合作改进的主要依据。

（二）考核评价内容和计分标准

具体考核评价标准见附表8-3。

二、完善技术体系运行管理制度

（一）指导思想

以科学发展观为统领，工商研全程参与、深度介入，紧紧围绕重点卷烟品牌对优质烟叶原料的需求，针对烟叶质量存在的问题，提出改进技术措施意见，整合原有技术，进行技术组装，建立、完善品牌原料配套生产技术体系，实现工商研合作互动，确保重点卷烟品牌优质烟叶原料生产特色化，保障原料质量稳定供应。

（二）组织机构

成立由工商研三方分管领导组成的项目技术体系运行管理领导小组，具体负责协调、沟通、监督和考评执行小组等工作。领导小组下设由工商研三方从事技术的科技人员组成的技术执行组，具体负责生产技术体系方案制订、贯彻落实、信息交流沟通和撰写项目报告等工作。

（三）职责分工

1. 工业企业工作职责：负责重点骨干卷烟品牌需求分析，提出烟叶质量指标要求；负责烟叶的质量评价（工业验证），提出烟叶质量改进的方向；根据相关配套试验研究结果，参与重点骨干卷烟品牌烟叶原料生产技术体系的修改、完善；根据烟叶质量指标和商业企业调工业企业烟叶质量评价结果，结合产区生态环境、技术、管理情况，与商业企业、科研院（所）共同制订生产技术方案，并共同参与技术措施的贯彻落实；负责对商业企业和科研院（所）的考评，并将结果进行反馈；加强与商业企业、科研院（所）沟通交流，为工作开展提供便利条件。

2. 商业企业工作职责：负责提供翔实的烟叶产区生产信息资料，并与工业企业、科研院（所）一起制定品牌原料生产技术体系；根据共同制定的生产技术体系，负责技术措施的落实，并做好生产技术培训；严格项目工作记录汇报制度，包括工作过程、图片、录像等；建立技术执行档案，确保实施项目可跟踪性；负责对工业企业和科研院（所）的考评，并将结果进行反馈；同时负责制订田间考核方案，对实施内容进行考核；负责研究成果的推广应用工作；烟叶生产期间，每月月初以简报形式向工业企业、科研院（所）通报上月烟叶生产进度情况；加强与工业企业、科研院（所）的沟通交流，为工作开展提供便利条件。

3. 科研院（所）工作职责：根据工业企业重点骨干卷烟品牌需求分析，提出烟叶质量指标及改进方向，综合分析产区烟叶质量特点和生态环境条件，与工业企业、商业企业共同制订有针对性的生产技术方案，完善相关生产标准体系；派出专门技术人员常驻基地产区进行技术指导和培训，关键时期派专家组织指导和培训，促进生产技术方案的落实，跟踪了解生产过程中存在的问题，提出改进意见，形成分析报告；参与烟叶样品的取样和评价工作；加强与工业企业、商业企业的沟通交流，为工作开展提供便利条件。

（四）工作计划

1. 合作协议的签订（1月）：工业企业、商业企业和科研院（所）三方签订合作协议，明确责任分工，共同促进工作开展。

2. 建立生产技术标准程：

（1）品牌需求分析、确定质量目标（2月份）：工业企业针对产区烟叶质量评价结果，结合卷烟品牌对烟叶原料质量要求，提出改进方向与意见。责任单位：工业企业。

（2）制定生产技术标准体系（2~3月）：科研院（所）针对工业企业卷烟品牌对烟叶原料质量要求及改进意见，与商业企业、工业企业共同制定生产技术标准体系。责任单位：科研院（所）、商业企业、工业企业。

（3）生产技术标准体系的实施（4~10月）：科研院（所）、商业企业、工业企业共同实施。

（4）中期评估（7~8月）：针对生产技术标准实施方案，由工业企业牵头，商业企业、科研院（所）参与，共同对生产技术标准落实情况进行中期评估。

责任单位：工业企业、商业企业、科研院（所）。

（5）田间生产技术总结（9月）：商业企业针对生产技术标准实施情况，归纳总结，撰写出田间生产技术总结，提交工业企业和科研院（所）。

（6）烟叶质量评价（11月）：工业企业针对生产的烟叶，结合卷烟品牌对烟叶质量要求，进行烟叶质量综合评价。责任单位：工业企业。

（7）总结报告（12月）：科研院（所）针对项目实施情况、商业企业田间总结和工业企业对烟叶质量评价结果，归纳总结，撰写出总结报告，并提出下一步意见，提交工业企业和商业企业。

三、健全项目年会制度

每年6月份左右召开一次项目研讨会，曲靖市政府领导、项目顾问组、九家工业企业项目负责人、五家科研单位项目负责人、基地单元负责人、曲靖烟草项目实施全体人员共同就项目实施情况进行总结分析，分析查找问题，提出解决方案。

（一）会议对工商研三方的考核考评结果进行通报。

（二）顾问组对项目建设情况进行分析点评。

（三）工业企业就项目建设过程中亟待解决的问题提请会议讨论。

（四）曲靖市烟草公司对项目实施情况进行总体汇报，就工业企业提出的问题进行现场解答，并提出初步解决方案。

（五）科研单位就科研项目研究、技术服务方面作详细报告，对项目研究重大科技成果做现场讲解。

四、健全定向调拨制度

（一）目的

为适应新型的工商研共建原料与品牌协同发展机制的贯彻落实，充分体现工商研全程参与、深度介入，进一步加强工商烟叶购销调拨管理，结合烟叶购销调拨的实际，确保参与的重点中烟企业重点卷烟品牌优质烟叶原料稳定供应，实现工商研三方互惠共赢。

（二）适用范围

云南省烟草公司曲靖市公司与参与“品牌导向的曲靖烟叶生产体系研究”项目的中烟企业进行的烟叶购销业务，均应执行本制度。

（三）调拨原则

1. 遵循国家烟草专卖局和湖南省烟草专卖局烟叶购销调拨的原则。

2. 享受优先购销调拨烟叶数量、等级的原则。

3. 享受优先选择烟叶基地的原则。

（四）组织机构

工业企业和商业企业共同组成烟叶购销调拨工作领导小组，具体负责协调、沟通、监督和考评执行小组等工作。由工商双方从事烟叶购销调拨的技术人员和业务人员组成烟叶购销调拨工作执行小组，具体负责烟叶购销调拨计划的制订、合同签订、烟叶调拨计划执行和信息交流沟通等工作。

（五）职责分工

1. 工业企业工作职责：负责制订烟叶购销调拨计划，并向国家（云南省）局提出申请，获得调拨计划；负责与云南省烟草公司曲靖市公司就制订的烟叶购销计划进行衔接；负责烟叶购销调拨时的等级确定、质量把关，以及烟叶交接；负责对商业企业的评价，并将结果进行反馈；加强与商业企业沟通交流，为工作开展提供便利条件。

2. 商业企业工作职责：负责烟叶购销计划的落实，与工业企业协调烟叶生产地点；按照烟叶购销合同进行烟叶的筹备、质量把关，以及烟叶交接；负责烟叶工商交接业务的办理；负责对工业企业的评价，并将结果进行反馈；加强与工业企业沟通交流，为工作开展提供便利条件。

（六）工作计划

1. 制订烟叶购销计划（1~3月）：工业企业与商业企业进行沟通、协商，制定出烟叶购销计划，上报国家烟草专卖局和湖南省烟草专卖局进行审批。

2. 计划衔接（1~3月）：云南省烟草公司曲靖市公司根据云南省公司下达的年度计划衔接安排，通过中烟电子商务“烟叶计划合同管理系统”与工业企业进行计划衔接，形成具体的烟叶调拨流向，经中国烟叶有限责任公司审核批准后，作为年度烟叶交易的核定量。

3．年度购销协议签订（4~7月）：按照国家烟草专卖局和湖南省烟草专卖局审批的年度烟叶购销核定量，云南省烟草公司曲靖市公司与工业企业签订年度购销协议，协议内容包括：协议类型、烟叶类型及形态、大等级比例及数量等。工商双方严格履行基地建设协议，按照协议约定的基地布局、面积和产量组织烟叶生产、收购和调拨。

4．购销烟叶的执行（8~12月）：商业公司按照工业企业烟叶购销合同所需烟叶进行筹备、质量把关，以及办理烟叶工商交接相关业务；工业公司确认等级、质量把关，以及烟叶交接。

5．购销合同变更及撤销（8~12月）：在工商烟叶交接过程中，没有合同确认的等级、数量时，可以根据核定量变更数量进行调增或调减，同时也可以申请解除协议。

6．工商互评（12月）：按照年度购销合同完成后，工商双方对合同执行情况、服务等方面进行互评（详见表8–8所示）。

第五节　实践与应用

三年多来，工商研三方在“品牌导向的曲靖烟叶生产体系研究”项目运行管理模式方面进行了大胆探索和丰富实践，在深化工商研协同发展关系、富有成效开展科研研发、完善品牌烟叶原料配套技术生产体系等方面取得了长足的发展，得到了国家烟草专卖局、云南省烟草专卖局的高度评价。

一、工商研协同发展关系得到深化

经过工商研三方的共同努力，目前红云红河集团、红塔集团、上海中烟、湖南中烟、江苏中烟、湖北中烟、川渝中烟、安徽中烟、广东中烟、浙江中烟、福建中烟在曲靖各烟叶产区所在烟叶站设有项目研究办公室，并配置专业技术人员全程参与项目研究工作。湖南中烟工业有限责任公司项目研究负责人在师宗分公司挂职生产副经理，全方位介入湖南中烟工业有限责任公司龙庆基地单元建设；红云红河集团项目研究工作人员在陆良小百户烟叶站挂职副站长，深入到基层一线参与红云红河集团小百户基地单元建设工作。工商研三方通过三年多"品牌导向的曲靖烟叶生产技术体系研究"项目研究与探索实践，项目运行管理水平得到不断提升，工商双方切实转变了观念，转换了角色，以前工业企业的代表常说"到基地看看你们的烟叶"，而现在是说"到基地看看我们的烟叶"。

二、科技研发成果丰硕

项目实施三年多来，工商研三方联合立项攻关，共开展了"提高烤烟上部叶可用性研究""七匹狼品牌特色优质烟叶品种需求筛选分析"等20余项课题研究，累计推广应用面积237万亩。

三、配套生产技术体系不断完善

围绕品牌烟叶原料需求，重点开展了精准施肥、现代植保、成熟采摘和烘烤工艺四个方面的技术研究，初步建立了"中华""云烟""芙蓉王""黄鹤楼""七匹狼""南京""黄山""利群"等十多个重点骨干品牌烟叶原料配套生产技术体系。宣威针对"中华"品牌对烟叶香气质的需求，改进了以延长变黄期时间、增加变黄期和干筋期湿度为主的特色烟叶烘烤工艺，很好地解决了香气物质转化不充分的问题。广东中烟通过"品牌导向的曲靖烟叶生产体系研究"项目的深入实施，认为罗平县罗雄、大水井特色产区烟叶香气质细腻、柔和，劲头、浓度适宜，余味较干净，将其作为"双喜"高档卷烟主料烟特色产区。会泽作为"云烟"品牌原料基地县，100%种植红花大金元。

四、品牌烟叶原料稳定调供

2008—2011年，工商研三方合作力度不断加大、领域不断扩展，各工业企业依托项目平台，上海、湖南等九家工业企业开展品牌原料基地建设面积214.94万亩，定向调拨烟叶912.26万担。

五、工商培训交流顺畅

（一）“三支队伍”建设

曲靖市职业化烟农比例由项目实施前的30%提高到目前的60%左右，各品牌烟叶原料基地所涉及烟农对品牌的认知度达到80%以上，对品牌烟叶原料配套技术要点熟悉度明显提高。

曲靖市技术研发和推广应用体系得到不断完善，建立了市公司技术中心、分公司生产科、烟叶站点的三级推广应用体系，技术中心实行项目负责人制，生产科设立技术推广应用岗，烟叶站点配备专业技术人员，保障了项目实施过程中各项技术措施的有效落实。

每年项目年会上，邀请各工业企业评吸专家进行技术培训，建立了曲靖市烟草公司卷烟评吸队伍，配置相应设施设备，实现了工商双方评吸标准的统一。

（二）“三师队伍”建设

工业企业技术人员通过深入参与品牌烟叶原料生产收购全过程，进一步掌握各对应烟区烟叶生产技术要点和质量特点，农艺师、配方师和验级师“三师队伍”建设取得了显著成效。九家工业企业共派驻项目基地建设人员224人次，其中获得农艺师资格人员123名、配方师资格人员18人、验级师资格人员56人。

（三）定期走访

商业企业组织烟农、技术人员到工业企业学习培训28次、培训168人次；工业企业组织农艺师、配方师、验级师到商业企业学习培训17次、培训95人次。

六、项目研究成果获得好评

在2008年全国烟叶资源配置方式改革工作座谈会上，姜局长指出推动烟叶资源配置方式改革要明确方向、转变观念、规范投入，要与卷烟品牌发展需要相适应，积极推进卷烟工业企业主动参与、深度介入。2009年，在全国烟草系统局长、经理座谈会上，国家烟草专卖局就优质特色烟叶开发提出了“发挥优势、挖掘潜力、填补空白、满足需求”的十六字工作方针。2010年全国烟草工作会议上，姜局长指示，推动原料保障上水平，要围绕培育“532”知名品牌，努力实现原料供应基地化、烟叶品质特色化、生产方式现代化。按照国家烟草专卖局的总体部署和要求，余局长指出，支撑品牌的持续发展，要立足于原料共建，提高重点骨干品牌优质烟叶原料保障能力，重点在构建原料保障体系，出路在加强基地建设，核心在深化资源配置方式改革。国家烟草专卖局、云南省烟草专卖局关于原料保障建设的系列指示和部署，一方面与“品牌导向的曲靖烟叶生产体系研究”项目的初衷和目标不谋而合，进一步验证了项目研究的合理性和科学性；另一方面，更坚定了我们组织好、实施好“品牌导向的曲靖烟叶生产体系研究”项目的信心和决心。

在2008年项目年会上，云南省烟草专卖局童荣崑副总经理强调，曲靖市烟草公司紧紧围绕国家烟草专卖局提出的“两个十多个”战略构想，进行了积极而有益的探索，率先提出并启动了“品牌导向的曲靖烟叶生产体系研究”项目，是贯彻国家烟草专卖局“完善体制机制、优化资源配置、增强竞争实力、全面提升水平”要求的具体体现，是落实云南省烟草专卖局“坚持工商合作、提升水平，坚持统筹规划、协调发展”的有力佐证，是曲靖市公司“打造中国特色烟叶产区”的强大支撑，得到了国家烟草专卖局领导和云南省烟草专卖局的高度肯定和评价。中国烟叶公司陈江华副总经理在会上指出，“品牌导向的曲靖烟叶生产体系研究”项目初步搭建了一套数据平台和技术平台，有很好的引导作用，充分体现了需求导向。希望合作各方加强交流，继续深化合作、再接再厉，取得更大的成绩。

2010年4月，姜局长到曲靖调研原料建设工作，在查看了曲靖“品牌导向的曲靖烟叶生产体系研究”项目研究成果后，充分肯定了曲靖特色优质烟叶开发“品牌引导特色、生态决定特色、品种彰显特色、技术支撑特色、质量稳定特色”的工作思路，指出曲靖“三化”建设工作做得很认真、很有内涵、很有水平，这既是对我工作的莫大鼓舞，更是对我们进一步抓好原料建设工作的极大鞭策。2010年7月，曲靖作为全国现代烟草农业建设现场会参观点之一，曲靖原料“三化”建设工作成果获得了与会代表的一致好评，在行业内引起了极大的反响和共鸣。

七、附　表

表8-1 “862”考核评价办法商业企业工作考核评价表

考核对象：商业企业

项目	考核内容	分值	考核时间	计分标准	得分	备注
区域布局（5分）	地块落实	3分	2月	严格落实种烟地块，种烟地点和面积工业认可得3分，反之得0分		
	连片面积	2分	5月	100%连片种植，连片面积少于50亩的，每片扣0.5分		
品种结构（5分）	主栽品种	3分	5月	严格落实“一个基地种植一个品种”，主栽品种与工业确定的品种一致得3分，反之得0分		
	示范品种	2分	5月	抓好KRK26、NC297、NC102等特色品种示范工作，依照品种示范工作完成情况打分		
育苗管理（15分）	育苗方式	3分	2月	按照专业化育苗、商品化供苗的方式进行育苗。没有按要求进行漂浮育苗的扣1分，缺少育苗合同或供苗合同的扣2分		
	育苗设施	2分	2月	育苗池制作质量差，扣0.5分；无消毒设施、标识牌和管理制度，扣0.5分；苗床地及周围不卫生，扣0.5分		
	规范操作	2分	2~4月	在播种、剪叶等过程中不按标准操作，发现一次扣1分		
	苗床管理	4分	2~4月	出现定苗不及时、烧苗、漏水干池、通风不当，每出现一池扣0.5分		
	壮苗培育	2分	4月	壮苗率达不到90%，差一个百分点扣减1分		
	痕迹管理	2分	2~5月	未制定商品化育苗管理办法，扣0.5分；未做好育苗工作记录，每片扣0.5分；未建立育苗、供苗台账，每片扣0.5分		

续表

项目	考核内容	分值	考核时间	计分标准	得分	备注
田间管理（30分）	土壤改良	2分	4月	1．未完成绿肥种植计划面积，每差5%扣0.1分；未按标准实行掩青翻压，每片扣0.1分 2．未完成堆捂数量，每差2%扣0.1分，未按标准实行高温堆捂，发现一片扣0.1分		
	整地理墒	4分	4月	1．未在4月20日前完成机械深耕任务目标，每差1%扣0.1分 2．以连片为单位，整地质量差，每片扣0.2分 3．以连片为单位，墒宽未达120cm，每片扣0.5分；田烟墒高未达40cm，每片扣0.5分；地烟墒高未达35cm，每片扣0.5分		
	移栽	6分	4月	1．病苗、弱苗进入大田20%以上，每片扣0.2分；高脚苗每片扣0.5分；移栽成活率未达98%，每差1个百分点扣0.5分；地膜覆盖不严，风吹膜达1%以上，每片扣0.5分 2．未按照移栽节令在预定时间内完成移栽扣1分，一个连片移栽周期超过7天扣0.5分		
	中耕管理	8分	5~7月	1．查缺补苗不及时，每片扣0.2分；追肥不及时或追肥方法不当，每片扣0.1分；墒沟中杂草明显，每片扣0.2分；墒沟中积水明显，每片扣0.2分；田间卫生工作不到位，每片扣0.1分；抹杈不及时，每片扣0.5分；5亩以上封顶不合理，每片扣0.5分 2．未完成揭膜提沟培土面积扣2分；操作不规范，每出现一亩扣0.2分；揭膜时机把握不好，每出现一亩扣0.2分		
	平衡施肥	4分	4~6月	施肥不合理达50亩以上，一个连片扣减1分；发现烟农使用禁用肥料，每户扣0.2分		
	田间长势	3分	7月	烟株整齐度差，每个连片扣0.5分		

续表

项目	考核内容	分值	考核时间	计分标准	得分	备注
田间管理（30分）	病虫害防治	3分	4~8月	1．同一连片区域内，“两黑病”田间发病株率达5%以上，每片扣0.2分；野火病田间发病株率达30%以上，每片扣0.2分；病毒病田间发病株率达30%以上，每片扣0.2分；赤星病田间发病株率达30%以上，每片扣0.2分；田间烟株单株平均蚜量达50头以上，每片扣0.2分 2．未建立农药发放台账及领用记录，每例扣0.2分；烟农使用烟草禁用农药，每例扣0.2分。送检烟叶农残超标，此项为0分		
成熟采烤（10分）	成熟采摘	5分	7~9月	1．未按大田成熟标准采收，每连片扣0.5分 2．以连片为单位，未实行烟叶成熟采摘看守制和准采证制，每发现一例扣0.5分 3．采青抢烤或采收不及时，每例扣0.5分		
	科学烘烤	5分	7~9月	1．未做到100%专业化烘烤，不得分 2．因技术失误导致严重青筋黄片，每出现一次扣0.5分，扣完为止		
烟叶收购等级纯度（15分）	烟叶收购	5分	8~9月	未严格实行聚约式收购，一个收购点扣1分；运行效果不好，一个收购点扣1分		
	收购等级合格率	5分	8~9月	收购等级综合合格率达不到75%（不含75%），低一个百分点扣0.5分		
	工商交接等级合格率	5分	8~10月	工商交接等级综合合格率达不到65%（不含65%），低一个百分点扣0.5分		
烟叶质量（10分）	外观质量	2分	10月	外观质量目标与工业完全符合得2分，基本符合得1分，不符合要求得0分		
	内在化学成分	2分	10月	化学指标每有一项不在范围内扣0.5分		
	评吸质量	3分	10月	评吸质量较好得3分，稍好得2分，一般得1分，不好得0分		
	安全性和可用性	3分	10月	烟叶农残和重金属含量出现超标情况，此项为0分。可用性和配伍性打分，较好得3分，一般得2分，不好得0分		

续表

项目	考核内容	分值	考核时间	计分标准	得分	备注
合作水平（10分）	方案制订	2分	3月	参与基地建设实施方案、技术方案和项目研究方案的制订工作，未参与不得分		
	组织生产	2分	2~9月	参与技术培训相关工作，没有参与扣1分；烟农户籍化管理工作开展不到位扣1分；未与工业一起制作收购仿制样扣1分		
	痕迹管理	4分	1~9月	痕迹管理工作落实不到位的酌情扣1~3分		
	协调配合	2分	1~9月	积极配合工业企业和科研单位做好基地建设的相关工作，实现三方资源共享。此项工作落实不到位的酌情扣0.5~1.5分		
合计		100分				

组织考核单位：　　　　　　　　　　考核人员签名：

表8-2 “862”考核评价办法工业企业工作考核评价表

考核对象：工业企业

项目	考核内容	分值	考核时间	计分标准	得分	备注
原料需求目标（5分）	提出需求目标	5分	2月	工业企业提出5年内的原料需求规划以及各年度原料需求的质量目标，未提出不得分		
生产收购介入程度（35分）	人员派驻	5分	2~10月	人员派驻不齐的扣3分，派驻人员工作不到位的酌情扣2~4分		
	方案制订	5分	3月	未参与实施方案、技术方案和项目研究方案制订不得分		
	技术培训	6分	2~8月	没有制订培训计划扣2分，生产环节培训不完整或不及时的酌情扣2~4分		
	介入生产管理	14分	2~7月	1．参与烟叶生产全过程，有日志、照片等相关痕迹记录，每缺少一个环节扣1分 2．根据生产管理介入情况，提出相关建议，未及时有效提出意见建议不得分		
	介入收购管理	5分	7~10月	验级师工作不到位酌情扣1~3分		
科研立项（20分）	课题立项	20分	2~10月	基地内无立项科研课题不得分；科研课题经费不能及时足额拨付扣10分		
工业验证及质量评价（20分）	建立工业使用数据库	10分	10月	没有建立工业使用数据库不得分		
	工业验证	10分	10月	无工业验证报告不得分，烟叶验证报告内容不完善扣5分		
信息反馈（10分）	信息反馈	10分	2~10月	无质量反馈报告不得分，质量反馈报告内容不完善或反馈不及时酌情扣2~4分；基地建设合理化建议不少于5条，每少一条扣1分，扣完为止		
合作水平（10分）	组织领导	6分	3月	未成立基地建设领导小组等组织领导机构不得分		
	组织生产	4分	2~10月	积极配合商业企业和科研单位开展基地建设相关工作，实现三方资源共享。此项工作落实不到位酌情扣1~3分		
合计		100分				

组织考核单位：　　　　　　　　　　考核人员签名：

表8-3　“862”考核评价办法科研单位工作考核评价表

考核对象：科研单位

项目	考核内容	分值	考核时间	计分标准	得分	备注
科研项目研究（50分）	方案制订	15分	3月	未参与基地建设实施方案和技术方案制订不得分		
	质量分析	15分	3月	根据工业企业原料需求，开展生产调研和烟叶质量分析工作，分析产区烟叶质量与生产现状，出具分析报告。无分析报告不得分，分析报告内容不全酌情扣5~10分		
	试验研究	20分	2~8月	1. 针对工业需求，结合当地情况，制订基地建设研究方案。未制订研究方案不得分，研究方案可行性不强酌情扣3~6分 2. 负责基地试验示范工作的开展。包括试验示范地点的落实、试验观察记载、田间管理等内容。以试验示范的痕迹材料为依据，无痕迹材料和试验观察记载不得分，内容不全酌情扣3~6分		
技术服务（50分）	技术指导和技术培训	30分	2~8月	1. 未制订培训计划不得分，计划可行性不强酌情扣1~3分 2. 与工商三方共同开展技术培训，并有培训记录。未参与培训或无培训记录不得分，培训不全或记录不全酌情扣3~6分 3. 未参与现场指导或无工作记录不得分，记录不全酌情扣3~6分 4. 依据年底技术员、烤烟生产收购辅助员、烟农对技术服务的满意度进行打分，90%以上满意得5分，80%~90%满意得3分，60%~80%满意得2分，60%以下满意不得分		
	总结报告	10分	10月	年终出具项目研究总结报告和技术服务总结，无工作总结不得分，总结内容不全酌情扣2~4分。		
	合理化建议	10分	2~10月	针对基地单元建设的各项工作提出合理化建议，全年建议不少于5条，每少一条扣3分		
合计		100分				

组织考核单位：　　　　　　　　　　考核人员签名：

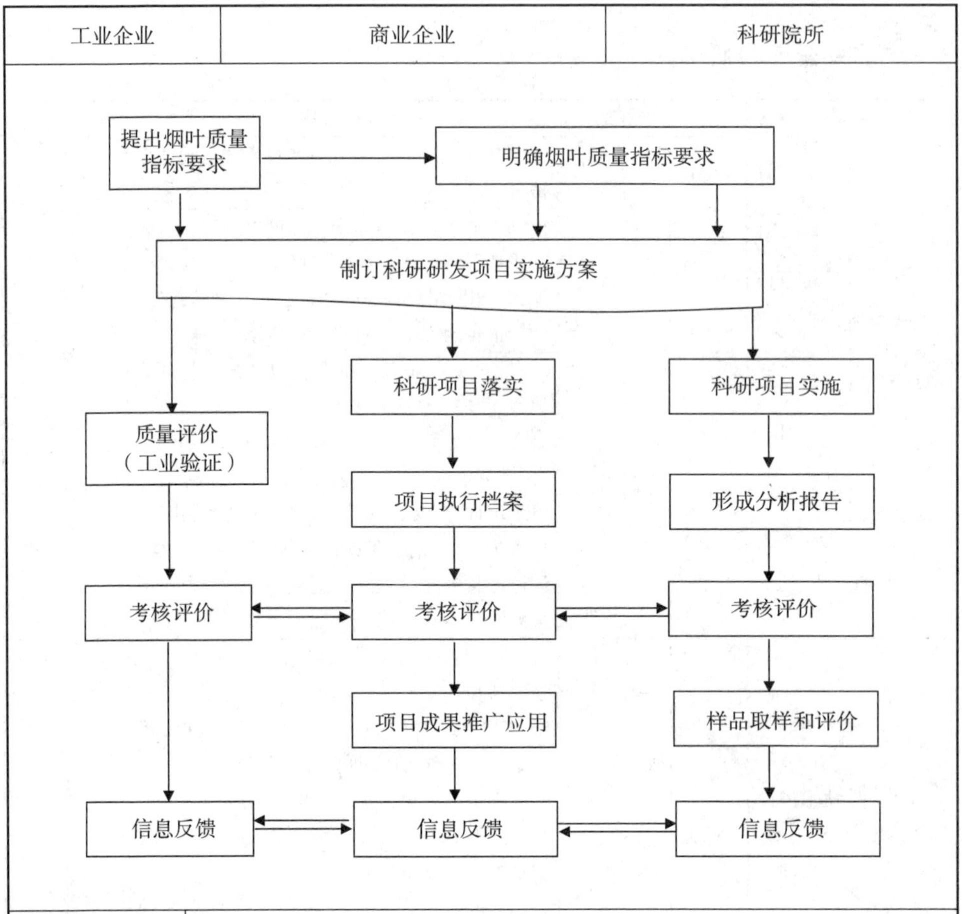

相关流程					
编制		审核		批准	
编号		版本	A	生效日期	

图8–1 “品牌导向的曲靖烟叶生产体系研究”项目科研研发流程图

表8–4　科研研发考评表

考评单位：工业企业（或商业企业）　　　　考评对象：科研院（所）

序号	内容	分值	考评得分	备注
1	制订研发方案	20		
2	参与研发方案的实施	30		
3	跟踪实施中存在的问题及建议	15		
4	科研研发报告	35		
合计		100		

考核时间：

表8–5　科研研发考评表

考评单位：商业企业（或科研院所）　　　　考评对象：工业企业

序号	内容	分值	考评得分	备 注
1	提供烟叶质量指标	30		
2	参与制订研发方案	10		
3	参与研发方案的实施	10		
4	烟叶质量评价	35		
5	结果反馈	15		
合计		100		

考核时间：

表8-6 科研研发考评表

考评单位：工业企业（或科研院所）　　　　考评对象：商业企业

序号	内容	分值	考评得分	备注
1	提供烟叶产区生产信息	15		
2	参与制订研发方案	10		
3	研发方案实施	50		
4	定期工作记录汇报	10		
5	田间考评	10		
6	取样、送样	5		
合计		100		

考核时间：

表8-7 工商烟叶购销调拨机制评价表

评价单位：商业企业　　　　评价对象：工业企业

序号	内容	分值	评价得分	备 注
1	烟叶购销计划申请及时性	15		
2	年度购销协议签订	10		
3	烟叶购销调拨履约率	55		
4	工商互相协调沟通情况	20		
合计		100		

评价时间：

表8-8　工商烟叶购销调拨机制评价表

考评单位：工业企业　　　　　　　　　　　　考评对象：商业企业

序号	内容	分值	评价得分	备注
1	年度购销协议签订	10		
2	工业所需协议购销烟叶的筹备	40		
3	业务办理及时性	40		
4	工商互相协调沟通情况	10		
合计		100		

评价时间：

主要参考文献

[1] 朱尊权．从卷烟发展史看“中式卷烟”[J]．中国烟草学报，2004，11（2）：1–5．

[2] 胡荣海．云南烟草栽培学[M]．北京：科学出版社，2007．

[3] 邵岩．津巴布韦现代烟草农业[M]．北京：科学出版社，2011．

[4] 张保振，开言路，集众智．携手打造中式卷烟——关于开展中式卷烟征文讨论的引言[J]．烟草科技，2004（4）：3–4．

[5] 李克明．论中式卷烟开发、品牌扩张和维护[J]．烟草科技，2004，11（4）：10–12．

[6] 王彦亭．依靠科技进步促进中式卷烟发展[J]．中国烟草学报，2005，12（1）：8–12．

[7] 何结望，蔡冰，毕庆文．重点骨干品牌原料保障技术探讨[C]．2007中国烟草自主创新高层论坛文集·国内外烟草动态，2007：521–525．

[8] 周冀衡，张建平．构建中式卷烟优质特色烟叶原料保障体系是新形势下中国烟草的战略选择[J]．中国烟草学报，2008，14（1）：43–46．

[9] 吴家昶，周清明，邓云龙，等．卷烟工业企业构建优质烟叶原料保障体系的方法[J]．中国农村小康科技，2010（9）：31–33．

[10] 李强，张一扬，高卫锴．区域烤烟品质特征及主要影响因素研究[M]．长春：吉林大学出版社，2018．

[11] 唐远驹．试论特色烟叶的形成和开发[J]．中国烟草学报，2003，10（1）：10–13．

[12] 周冀衡．发展特色烟叶是重点骨干品牌和优质烟区实现共赢的合作平台[J]．中国烟草学报，2009，15（6）：70–75．

[13] 王林，吴风光，黎妍妍，等. 品牌导向型烟叶基地单元综合评价体系研究[J]. 湖北民族学院学报（自然科学版），2010（4）：391–394.

[14] 蒋士东，周冀衡，李强，等. 不同处理对烟叶经济性状及化学协调性的影响[J]. 中国农业科技导报，2017，19（11）：100–107.

[15] 蒋士东，何孝兵，李强，等. 烤烟群体产量构成与氮肥减量对烟株生长及经济性状的影响[J]. 西南农业学报，2018，31（1）：99–105.

[16] 李强，周冀衡，张永安，等. 曲靖植烟土壤有效微量元素的空间变异和影响因子[J]. 烟草科技，2013（10）：63–67，79.

[17] 李强，周冀衡，刘晓颖，等. 曲靖烤烟镁含量特征及其影响因素[J]. 土壤，2017，49（3）：565–571.

[18] 李强，李志伟，王全，等. 云南陆良植烟土壤粒径分布及其分形维数空间变异研究[J]. 山地学报，2017，35（1）：23–31.

[19] 李先锋. 秦岭特色（汉中）烟叶品牌建设的思考[J]. 吉林农业，2011（28）：16–17.

[20] 孟琦. 战略联盟竞争优势获取的协同机制研究[D]. 哈尔滨工程大学博士学位论文，2007.

[21] 赵急世，袁海平. 浅论烟叶资源对卷烟品牌扩张的影响[C]. 中国烟草学会第五届理事会第三次会议暨学生年会，2007.

[22] 黄忠向，曾祥难. 积极推进烟叶资源配置方式改革[J]. 中国集体经济，2009（3）：60–61.

[23] 尤丽琴，朱贵川，祝朝东，等. 毕节烟叶品牌可持续发展策略研究[J]. 中国烟草科学，2009，30（2）：26–30.

[24] 曹务栋，彭宇，马莹，等. 黔西南烟叶品牌建设的必然性及其发展对策[J]. 中国烟草科学，2009，30（6）：49–52.

[25] 申国明. 山东烟草科技发展方向探讨[A]. 中国农学会. 2004年全国学术年会农业分会场论文专集[C]. 中国农学会：中国农学会，2004：3.

[26] 李锋. 湖南烟草工业烟叶资源优化配置研究[D]. 中南大学，2009.

[27] 王林. 湖北中烟全面加快品牌导向型烟叶基地建设[J]. 湖北烟草，2009

(11): 9 - 51.

[28] 黄夸克，解应乖，陈升党. 烟叶质量数据库和BP网络分析系统的实现[J]. 云南大学学报（自然科学版），2009（S2）：150-154.

[29] 黄勇奇，赵追，张学霞. 基于地理信息系统和遥感平台的烟田连作的查询研究[J]. 遥感信息，2007（6）：45-48+105.

[30] 莫建国，汪圣洪，谷晓平. 基于GIS的贵州烤烟种植气候区划研究[J]. 上海农业学报，2011（3）：64-69.

[31] 李强，周冀衡，杨荣生，等. 曲靖植烟土壤养分空间变异及土壤肥力适宜性评价[J]. 应用生态学报，2011（4）：950-956.

[32] 李强，周冀衡，李迪秦，等. 曲靖烟区土壤有效中量元素的空间变异特征及影响因子研究[J]. 核农学报，2011，25（3）：540-547.

[33] 李强，周冀衡，张一扬，等. 基于地统计学的曲靖植烟土壤主要养分丰缺评价[J]. 烟草科技，2012（11）：69-73.

[34] 李强，周冀衡，杨荣生，等. GIS支持下的马龙县植烟土壤有效态微量元素评价[J]. 中国烟草学报，2011，17（4）：56-61.

[35] 李强，周冀衡，杨荣生，等. 马龙县植烟土壤养分空间变异特征及适宜性评价[J]. 土壤，2011，43（6）：897-902.

[36] 李强，周冀衡，宋淑芳，等. 基于地统计学的罗平烟区土壤主要养分丰缺评价[J]. 湖南农业大学学报（自科版），2015，41（1）：42-46.

[37] 宋晶，陈海生，刘国顺，等. GIS支持下的河南省洛阳植烟田土壤肥力适宜性评价及施肥推荐支持决策系统研究[J]. 江西农业学报，2010（5）：68-72.

[38] 陈伟强. 基于GIS的烟草施肥决策支持系统研究[D]. 解放军信息工程大学，2009.

[39] 汪璇. 基于GIS和计算智能的烤烟生态适宜性评价[D]. 西南大学，2009.

[40] 李文华，王树会，邵岩，等. 基于GIS的云南烟叶适宜性评价方法[J]. 测绘信息与工程，2006（4）：22-24.

[41] 邵岩．基于GIS的云南烤烟种植生态适宜性区划[D]．湖南农业大学，2008.

[42] 黄中艳．基于GIS的云南烤烟种植气候动态分区评估[J]．地理研究，2011（8）：1439–1448.

[43] 黄中艳，范立张，朱勇，等．基于GIS和烟叶品质的云南烤烟种植气候分区[J]．中国农业气象，2009（3）：370–374.

[44] 魏跃伟，陈海生，刘国顺，等．云南烟草种植信息系统框架设计[J]．安徽农学通报，2007（21）：49–50、38.

[45] 唐远驹．关于烤烟香型问题的探讨[J]．中国烟草科学，2011，32（3）：1–7.

[46] 张忠锋．临沂烤烟区域定位生产技术体系研究[D]．山东农业大学，2005.

[47] 黄中艳，朱勇，邓云龙，等．云南烤烟大田期气候对烟叶品质的影响[J]．中国农业气象，2008（4）：440–445，449.

[48] 王莹，强继业．气候条件对曲靖烟区烤烟生产影响综述[J]．青海农林科技，2010（4）：27–30.

[49] 李强，周冀衡，解燕，等．曲靖烟区烤烟气候适宜性综合评价和主成分聚类分析[J]．福建农林大学学报（自然版），2011，40（5）：455–460.

[50] 李强，张一扬，陈丽鹃，等．植烟土壤颗粒分形特征及与主要养分的关系[J]．烟草科技，2015（4）：13–18.

[51] 李强，张一扬，程昌新，等．曲靖烤烟钾含量特征及其与主要生态因子关系研究[J]．核农学报，2017，31（5）：918–926.

[52] 李强，仲晓君，王瑞宝，等．高海拔地区光强减弱对烤烟生长发育和产量的影响[J]．江西农业大学学报，2016，38（6）：1042–1048.

[53] 汤浪涛，周冀衡，黄勇，等．曲靖烟区烤烟化学指标及其相关性分析[J]．云南农业大学学报，2009（6）：829–834.

[54] 李强，周冀衡，杨荣生，等．曲靖烤烟主要化学成分及其协调性空间分布[J]．生态学杂志，2012，31（4）：862–869.

[55] 李强，周冀衡，杨荣生，等. 气候与土壤对烤烟多酚和类胡萝卜素含量的影响效应分析[J]. 南方农业学报，2012，43（8）：1158-1163.

[56] 李强，周冀衡，杨荣生，等. 基于主成分回归的曲靖C3F等级烤烟评吸质量估算模型[J]. 中国烟草学报，2011，17（1）：26-31.

[57] 李强，周冀衡，杨荣生，等. 土壤及气候对烤烟非挥发性有机酸含量影响的效应分析[J]. 江西农业大学学报，2011，33（6）：1043-1049.

[58] 李强，周冀衡，程昌新，等. 云南烤烟钾含量特征及其与致香物质的关系[J]. 中国烟草科学，2015，36（6）：49-55.

[59] 汤浪涛，周冀衡，张一杨，等. 曲靖烟区烟叶的中微量元素含量分布特点[J]. 四川农业大学学报，2009（4）：440-443.

[60] 瞿永生. 我国烤烟主产区烟叶质量评价与质量区划的研究[D]. 河南农业大学，2004.

[61] 顾本文，胡雪琼，吉文娟，等. 云南植烟区生态气候类型区划[J]. 西南农业学报，2007（4）：772-776.